SICHUAN SHENG ZHUYAO
YOUSHI NONGCHANPIN
ZHONGZHI XIAOYI FENXI JI FAZHAN YANJIU

四川省主要
优势农产品
种植效益分析及发展研究

雷波 唐江云 曹艳 胡亮 著

四川科学技术出版社

图书在版编目（ＣＩＰ）数据

四川省主要优势农产品种植效益分析及发展研究 / 雷波等著 . -- 成都：四川科学技术出版社，2021.9
ISBN 978-7-5727-0315-7

Ⅰ.①四… Ⅱ.①雷… Ⅲ.①农产品—种植—研究—四川 Ⅳ.①S37

中国版本图书馆 CIP 数据核字（2021）第 193568 号

四川省主要优势农产品种植效益分析及发展研究

| 著　　者 | 雷波　唐江云　曹艳　胡亮 |

出 品 人	程佳月
策划编辑	何　光
责任编辑	周美池
封面设计	张维颖
责任出版	欧晓春
出版发行	四川科学技术出版社
	成都市槐树街2号　邮政编码 610031
	官方微博：http://e.weibo.com/sckjcbs
	官方微信公众号：sckjcbs
	传真：028-87734039
成　　品	146mm×210mm
印　　张	7　字数 175 千
印　　刷	四川省南方印务有限公司
版　　次	2022年4月第1版
印　　次	2022年4月第1次印刷
定　　价	38.00元

ISBN 978-7-5727-0315-7

邮购：四川省成都市槐树街2号　邮政编码：610031
电话：028-87734035

前　言

　　农业比较效益是指在市场经济体制条件下，农业与其他经济活动在投入产出、成本收益之间的相互比较，是体现农业生产利润率的相对高低，衡量农业生产效益的重要标准。农产品是农业产业链中的重要环节，与农业和农村经济的发展息息相关，农产品比较效益是衡量农业经济效益的重要标准之一。根据发达国家的发展经验，提高农产品比较效益，对于增加农民收入，加快城乡统筹推进，保持经济社会健康可持续发展意义重大。当前，我国农产品比较效益普遍较低是不争的事实，这是加快"三农"发展和缩小"三个差距"不可回避的障碍。通过区域农产品比较效益分析，可探寻区域农产品生产发展的优劣势，从而为指导农业产业发展提供重要依据，对指导农业结构调整、创造更高的农业经济效益具有重要意义。

　　四川是一个农业大省，农业品种资源丰富，总量大，农业总产值和总产量在全国地位突出。据不完全统计，四川有25种农产品产量在全国位居第一。早在2003年就确定了优质水稻、"双低"油菜、饲用玉米、优质柑橘、名优茶叶、商品蔬菜、优质蚕桑、优质棉花8个优势农产品，然而区域农产品比较优势是一个动态变化的过程，随着国内外农产品竞争炙热化，四川农产品发展存在的问题，如：区域布局仍不尽合理、部分优势品种区域主导地位不突出、上下游各产业之间相互衔接不够紧密、产业化组织化水平不高等，严重制约着四川农产品比较优势和竞争优势。

在这种形势下，四川必须在上一轮规划确定的优势产业带的基础上，对优势农产品重新进行确认和划定。依托经济基础、发挥资源优势，推进新一轮四川优势农产品区域布局，对发挥四川农产品比较优势，增强竞争力，促进农业增效，实现优势农产品产业可持续发展具有十分重要的现实作用和长远意义，因此，研究四川省区域优势农产品比较效益是四川农业迎接国内外挑战、提高农业产业竞争力的现实课题。本研究旨在通过对四川省优势农产品进行比较效益分析，形成科学合理的农业生产力布局，发挥区域农产品比较优势，提高四川省优势农产品的市场竞争力和四川省农业整体发展水平，推进四川省农业现代化进程。

在编写过程中，作者参阅和引用了国内外诸多学者的研究成果，在此向他们表示真诚的感谢和敬意。同时，书稿的完成依托了"十二五"省财政创新能力提升工程项目——四川省区域优势农产品比较效益分析（项目编号：2013XXXK-006）和四川省科技支撑项目——四川省"十三五"农作物及畜禽育种攻关（项目编号：2016NYZ0054），在此特向课题组成员致以最诚挚的谢意。对于本书中存在的疏漏或不当之处，敬请各位专家和广大读者予以批评指正。

目　录

第1章
绪　论

1.1　区域农产品比较优势分析研究的重要意义

区域农产品比较优势是国家制定区域农业发展和农业产业布局政策的基础，是促进社会资源空间配置合理化的基本依据，也是各区域确定农业发展主导产业，实现农业产业结构调整的重要前提[1]。比较优势理论最早是由大卫·李嘉图提出的，用于国际贸易比较优势的研究。随着该理论的进一步发展，已有许多学者把比较优势理论及其方法引入到农业中，用于探讨研究国家、省、市、县域的农业比较优势。陈振等[2]对河南省18个市的2001—2010年的4种主要粮食作物（水稻、小麦、玉米和大豆）进行比较优势分析，明确了河南省18市的4种主要粮食作物的区域优势。张先叶[3]根据比较优势理论，展开了辽宁省主要农作物

①马惠兰.区域农产品比较优势理论研究与实证分析——以新疆种植业为例[D].乌鲁木齐：新疆农业大学，2004：8.

②陈振，曹林纳，陈祺琪，李君.河南省18市主要粮食作物生产比较优势分析[J].河南农业大学学报，2013，47（3）：351–357.

③张先叶.辽宁省主要农作物区域比较优势差异分析[J].广东农业科学，2013（1）：216–220.

区域比较优势差异分析研究，并提出了实现辽宁省农业生产合理布局和专业化生产的建议。邓平洋和曾福生[1]对湖南省122个县（市/区）2000—2011年的水稻比较优势进行了测定，并将各县（市/区）的水稻综合比较优势划为效率型、规模型和平衡型3类水稻种植优势区域。李凤[2]利用改进的综合比较优势指数法，对中国苹果产业主产区在2002—2009年的比较优势变动趋势进行分析；分析了陕西省主要粮食作物年际间比较优势变动趋势。马丽荣等[3]人采用农产品综合比较优势指数法，分析了兰州市农产品区域比较优势并提出了兰州市农产品区域布局的方向及布局的建议。宋晨和马新明[4]收集了河南省18个地市三大粮食作物的生产数据，测算并系统分析了三大粮食作物河南省相对于中国平均水平及河南省内18地市相对于河南省平均水平的效率优势指数、规模优势指数和综合优势指数。张海翔等[5]对云南省的3种主要粮食作物（小麦、稻谷和玉米）做了年际间的比较优势变动趋势分析。由此可见，采用比较优势理论及其方法分析研究农业区域优势已成为热点。

比较优势理论是国际贸易理论的核心。农产品比较优势研究一直是农业国际贸易研究中的热门话题。区域农产品比较优势是国家制定区域农业发展和农业产业布局政策，促进社会资源空间配置合理化的基本依据，也是各区域内确定农业发展主导产业，

①邓平洋，曾福生.湖南省县域水稻的区域比较优势研究[J].湖南农业科学，2013（9）：131–134，138.

②李凤.陕西省主要粮食作物比较优势分析[J].江西农业大学报，2012，24（2）：184–185.

③马丽荣，王保福，刘润萍，等.兰州市农产品比较优势及区域布局分析[J].河南农业科学，2011，40（7）：9–12.

④宋晨，马新明.河南省三大粮食作物生产比较优势分析[J].中国农学通报，2011，27（20）：141–145.

⑤张海翔，李学坤.云南粮食安全：主要粮食作物的比较优势分析[J].湖北经济学院学报：人文社会科学版，2010，7（4）：37–38.

制定正确的农业产业政策和发展战略，实现农业产业结构调整的重要前提。在中国，有学者对全国范围的农产品比较优势进行了实证研究。而中国各个地域的农业生产条件由于地理差异而差别巨大，最终导致了各地农产品比较优势的不同。此外，农产品比较优势是否与对外贸易的实际绩效一致，一致或不一致的原因何在，还几乎没有学者关注并作相应研究[①]。从国内现有的研究农产品比较优势的文献中，我们发现，目前的研究主要以全国整体农业作为考察对象，从宏观上研究和分析我国农产品相对于国际市场比较优势和竞争力的较多，而从国内区域或地区层次上分析研究区域农产品比较优势和竞争力的较少。这在一定程度上导致我国各地区并不是按比较优势、市场选择的结果来确定自己的优势农产品，其结果是各地区农业产业结构趋同，大宗农产品过剩、价低、买卖困难，农民利益受到损害，区域优势得不到体现，甚至有些地区根本就不能准确判断优势所在。因此，区域农产品比较优势研究既有理论研究价值，又具有实践指导意义。

　　农产品是农民收入的主要来源，农产品种植效益与农业和农村经济的发展息息相关，而衡量农产品种植效益的重要标准则是农产品比较效益，它能体现农产品生产利润率的相对高低。通过区域农产品比较效益分析，可探寻区域农产品生产发展的优劣势，从而为指导农业产业发展提供重要依据。及时准确地了解和掌握农作物的种植效益，对各级政府和农业行政（技术）部门研究制定农产品价格与流通政策，科学地组织指导农业生产，优化种植结构，推进农业增产方式的转变，实现农业增效农民增收，具有十分重要的意义[②]。因此，对四川省种植的主要优势农产品，进行种植效益分析及发展研究，可为更好地服务"三农"提供科学依据。

　　①刘洁.河北省农产品比较优势研究[D].河北农业大学，2004.
　　②刘丽娜.莆田市荔城区农作物种植效益调查与分析[J].福建稻麦科技，2011，29（4）：61-63.

研究区域农产品种植效益优势，可以更好地做到趋利避害，通过采取强有力的措施，才能充分享受经济全球化带来的好处，并且最大限度地避免经济全球化对农产品行业带来的消极影响。研究区域农产品种植效益的发展，分析应对经济全球化的策略，首先，要切实遵循比较优势原则，放弃机会成本较大的农产品的生产而从事机会成本较小的农产品的生产，以便获取更大的竞争力。其次，要调整和优化农产品的产业结构。

1.2 研究思路

农业比较效益是指在市场经济体制条件下，农业与其他经济活动在投入产出、成本收益之间的相互比较，是体现农业生产利润率的相对高低，衡量农业生产效益的重要标准。然而，农产品是农业产业链中的重要环节，与农业和农村经济的发展息息相关，农产品比较效益是衡量农业经济效益的重要标准之一。根据发达国家的发展经验，提高农产品比较效益，对于增加农民收入，加快城乡统筹推进，保持经济社会健康可持续发展意义重大。当前，我国农产品比较效益普遍较低是不争的事实，这是加快"三农"发展和缩小"三个差距"不可回避的障碍。通过区域农产品比较效益分析，可探寻区域农产品生产发展的优劣势，从而为指导农业产业发展提供重要依据，对指导农业结构调整、创造更高的农业经济效益具有重要意义。四川是一个农业大省，早在2003年就确定了优质水稻、"双低"油菜、饲用玉米、优质柑橘、名优茶叶、商品蔬菜、优质蚕桑、优质棉花等8个优势农产品，然而区域农产品比较优势是一个动态变化的过程，随着国内外农产品竞争炙热化，四川农产品发展存在的问题，如：区域布局仍不尽合理、部分优势品种区域主导地位不突出、上下游各产业之间相互衔接不够紧密、产业化组织化水平不高等，严重制约着四川农产品比较优势和竞争优势。同时，国内外发达地区的农产品凭借其价格和质量的优势对四川省农产品构成前所未有的冲击，这必将会打破四川已形成的农产品市场格局，使一些缺乏价格、品质优势的农产品市场空间萎缩甚至退出市场。在这种形势下，四川必须在上一轮规划确定的优势产业带的基础上，对优势农产品重新进行确认和划定。依托经济基础、发挥资源优势，推进新一轮四川优势农产品区域布局，对发挥四川农产品比较优势、增强竞争力、促进农业增效，实现优势农产品产业可持续发展具有十分重要的现实作用和长远意义。因此，研究四川省区域优势农产品比较效益是四川农业迎接国内外挑战、提高农业产业竞争力的现实课题。本研究旨在通过对四川省优势农产品进行比较效益分析，形成科学合理的农业生产力布局，发挥区域农产品比较优势，提高四川省优势农产品的市场竞争力和四川农业整体发展水平，推进四川省农业现代化进程。

本研究对四川省主要农产品种植的比较优势作了测算与实证分析，并分别与其历年的对外贸易绩效的匹配状况进行了分析。在分析原因的基础上，提出了发挥农产品种植的比较优势的对策建议。全书有八个章节。绪论部分阐述了本研究的研究意义，归纳了区域农产品比较优势分析研究的意义，详细阐述了本研究的思路、本研究的方法和本研究的技术路线。第2章对区域农产品比较优势的基础理论进行了探讨，介绍了区域农产品比较优势的内涵，理论基础（包括绝对比较优势理论、相对比较优势理论、禀赋比较优势说H1-0、竞争优势理论和比较优势再造论）和影响因素（包括自然资源因素、要素禀赋因素、资本因素、技术因素、分工因素、质量因素和政府行为与经营体制因素）。第3章阐析了国内外农产品比较优势研究现状及经验，首先对发达国家农产品比较优势研究现状及经验进行了研究，同时分析了国内及四川农产品比较优势研究现状。第4章重点分析了四川省主要农产品的比较优势，包括水稻、油菜和小麦等。第5章总结了四川省优势农产品发展特点及发展方向，分析其农业资源特点、影响因素及发展方向，并介绍评述了几种主要的农产品比较优势实证分析方法。第6章采用DEA模型对四川省水稻、油菜、烟叶和马铃薯等4种主要农产品的比较效益作了测算与分析，说明了其数字来源与技术处理方法。第7章基于SWOT模型对四川省水稻、烟叶共2种主要农产品的竞争力进行了详细分析。第8章从如何发挥四川省主要农产品的比较优势，以及如何促进主要农产品建设的角度出发，就优势农产品的区域布局、产业带建设、产品开发和品牌建设等方面提出了相关建议。

1.3 研究方法

1.3.1 比较优势指数模型方法

本研究利用改进的比较优势指数测算模型明确近年来四川省在全国范围内具有优势的农产品；分析区域农产品比较优势的影响因子并对主要优势农产品开展核心竞争力分析，利用DEA模型（数据包络分析模型）对四川省优势农产品进行比较效益分析，分析影响收益成本的成本效率和收益效率，了解影响成本效率的因素，提出提高四川省主要农产品比较效益的途径；为四川省农业结构调整、形成科学合理的农业生产力布局，发挥区域农产品比较优势，提高四川省优势农产品的市场竞争力和四川省农业整体发展水平，创造更高的农业经济效益奠定理论基础。

不同区域的农业资源不同，农业比较优势和竞争力也会不同，比较分析不同地区的农产品生产状况，有助于进一步确定各区域农产品的比较优势和竞争优势。大卫·李嘉图最早提出的比较优势理论主要用于国际贸易比较优势的研究，然而随着该理论的进一步发展，其衍生出来的农产品综合比较优势指数法可用于不同区域不同作物品种之间的比较优势和竞争优势的测定分析。

本研究采用成熟、可靠的农产品综合比较优势指数法，对四川省主要农产品在全国范围和四川省内部之间进行比较优势和竞争优势的测定研究，分析结果可靠、准确，有一定的参考价值。比较优势指数包括综合优势、规模优势和效率优势指数。其中，规模优势指数从地区规模化、专业化程度反映农作物比较优势，效率优势指数从资源内涵生产力角度反映农作物比较优势，而综合优势指数是前两者的几何平均数。各指数计算方法如下[①]：

规模优势指数计算模型为：

$$SCA_{ij} = \frac{GS_{ij}/GS_i}{GS_j/GS}$$

其中，SCA_{ij} 为 i 区 j 作物的规模优势指数，GS_{ij} 为 i 区 j 作物的播种面积，GS_i 为 i 区所有种植业总播种面积，GS_j 为 j 作物所有区域种植总面积，GS 为所有区域所有种植业播种总面积。当 $SCA_{ij}>1$ 时，意味着 i 地区发展 j 作物具有规模优势，其值越大，规模优势程度越高；当 $SCA_{ij}<1$ 时，意味着 i 地区发展 j 作物不具有规模优势。

效率优势指数计算模型为：

$$ECA_{ij} = \frac{AP_{ij}/AP_i}{AP_j/AP}$$

其中，ECA_{ij} 为 i 区 j 作物效率优势指数，AP_{ij} 为 i 区 j 作物单产，AP_i 为 i 区所有种植业作物平均单产，AP_j 为 j 作物所有区域平均单产，AP 为所有区域所有种植业作物平均单产。当 $ECA_{ij}>1$ 时，意味着 i 地区发展 j 作物具有效率优势，其值越大，效率优势程度越高；当 $ECA_{ij}<1$ 时，意味着 i 地区发展 j 作物不具有效率优势。

综合优势指数计算模型为：

$$CCA_{ij} = \sqrt{SCA_{ij} \times ECA_{ij}}$$

---

①陈俊安. 四川省种植业区域优化布局研究[D]. 雅安：四川农业大学，2009：33–34.

其中，CCA_{ij}为i区j作物综合优势指数，综合优势指数是规模优势指数和效率优势指数的几何平均值。当$CCA_{ij}>1$时，意味着i地区发展j作物具有综合优势，i地区的j农产品供给能力能够满足本地区需求而有余，并且可以对区外提供该种产品，CCA_{ij}的值越大，综合优势程度越高。当$CCA_{ij}<1$时，意味着i地区发展j作物不具有综合优势，i地区的j农产品供给能力不能满足本地区的需求，需要从区外调入。当$CCA_{ij}=1$时，说明i地区发展j作物的比较优劣势不明显，i地区的j农产品供给能力与本区需求相当，无需与区外进行交易。

数据来源基于"三原则"：一是所选的四川农产品是在与全国各省市农产品比较分析中选择的综合优势指数高于全国水平，且具有相对优势的农产品；二是所选农产品在四川具有一定的种植规模，且产量在四川农业市场中占有一定份额；三是农产品种植面积、产量等数据来源要基于现有的统计资料，从而确保选用数据的口径一致、数据真实可靠，具有可比性。本课题以13种农产品为研究对象，对其中具有较强比较优势的5中农产品进行重点分析。数据来源于正式出版物2009—2011年的《四川统计年鉴》《全国农产品成本收益资料汇编》《四川省农业统计年鉴（2009—2011）》《中国统计年鉴》，由于2008年四川发生大地震，2012年的部分数据不够齐全，为了避免影响计算结果，本研究中选取2009—2011年的数据。

1.3.2　DEA模型方法

DEA方法是由Charnes等[1]人提出的数据驱动型（Data-driv-

---

[1]Charnes A, Cooper W W, Rhodes E. Measuring the efficiency of decision making units [J].European Journal of Operational Research, 1978, 2: 429-444.

ing）方法，避免了确定权重时的主观性[1]。DEA 原理主要是通过保持决策单元（decision making units，DMU）的输入或者输出不变，借助于数学规划和统计数据确定相对有效的生产前沿面，将各个决策单元投影到 DEA 的生产前沿面上，并通过比较决策单元偏离 DEA 前沿面的程度来评价各 DMU 的相对有效性[2]。但一般的 DEA 模型无法对有效的决策单元开展进一步分析，Andersen 等[3]提出的改进的 DEA 模型则弥补了这一缺陷。本研究引入 C2R 模型及扩展的 DEA 模型，分别见公式（1）和（2）。

$$\min\left[\theta - \varepsilon\left(\sum_{k=1}^{l} s_k^+ + \sum_{r=1}^{m} s_r^-\right)\right]$$

$$s.t \begin{cases} \sum_{j=1}^{n}\lambda_j k_j + s_1^- = \theta x_{01} \\ \sum_{j=1}^{n}\lambda_j k_j + s_2^- = \theta x_{02} \\ \vdots \\ \sum_{j=1}^{n}\lambda_j k_j + s_m^- = \theta x_{0m} \\ \sum_{j=1}^{n}\lambda_j y_j - s_1^+ = y_{01} \\ \sum_{j=1}^{n}\lambda_j y_j - s_2^+ = y_{02} \\ \vdots \\ \sum_{j=1}^{n}\lambda_j y_j - s_l^+ = y_{0l} \end{cases} \tag{1}$$

---

[1] 闵锐.粮食全要素生产率：基于序列 DEA 与湖北主产区县域面板数据的实证分析[J].农业技术经济，2012（1）：47–56.

[2] 王桂波，韩玉婷，南灵.基于超效率 DEA 和 Malmquist 指数的国家级产粮大县农业生产效率分析[J].浙江农业学报，2011，23（6）：1248–1254.

[3] Andersen Per, Petersen N C. Procedure for ranking efficient units in data envelopment analysis[J].Management Science，1993，39（10）：1261–1264.

$$\min\left[\theta - \varepsilon\left(\sum_{k=1}^{l} s_k^+ + \sum_{r=1}^{m} s_r^-\right)\right]$$

$$s.t\begin{cases} \sum\limits_{\substack{j=1 \\ j\neq 0}}^{n} \lambda_j x_j + s_1^- = \theta x_{01} \\[2mm] \sum\limits_{\substack{j=1 \\ j\neq 0}}^{n} \lambda_j x_j + s_2^- = \theta x_{02} \\[2mm] \vdots \\[2mm] \sum\limits_{\substack{j=1 \\ j\neq 0}}^{n} \lambda_j x_j + s_m^- = \theta x_{0m} \\[2mm] \sum\limits_{\substack{j=1 \\ j\neq 0}}^{n} \lambda_j y_j - s_1^+ = y_{01} \\[2mm] \sum\limits_{\substack{j=1 \\ j\neq 0}}^{n} \lambda_j y_j - s_2^+ = y_{02} \\[2mm] \vdots \\[2mm] \sum\limits_{\substack{j=1 \\ j\neq 0}}^{n} \lambda_j y_j - s_l^+ = y_{0l} \end{cases} \qquad (2)$$

用原 C^2R 模型测算 DEA 效率存在一个显著的问题，就是有效决策单元过多，而无效决策单元过少，为有效解决此问题，引入阿基米德无穷小量。在基于阿基米德 C^2R 模型中，本研究测算对象是四川油菜，决策单元为 2008—2014 年 7 个年份，n 代表年份数，m 为投入要素指标量，l 为产出要素指标量，0 代表当前处于测算状态的决策单元。θ 为当前处于测算状态的决策单元离有效前沿面的径向优化量或"距离"，在本研究中表示测算当前决策单元的综合效率，当 $\theta=1$ 时，当前决策单元为综合效率有效，当 $0<\theta<1$ 时综合效率无效。ε 为阿基米德无穷小量，本研究中 ε 取

10^{-5}。λ_j为相对于DMU_j重新构造一个有效DMU组合中第j个决策单元的投入产出的组合比例；s^+、s^-为松弛变量，用于无效DMU单元沿水平或者垂直方向延伸达到有效前沿面的产出要素减少量和产出要素集的增加量。x和y分别为DMU_j的输入向量和输出向量。

对于C^2R模型，有如下定理：设DMU_0为当前决策单元，且λ、θ为C^2R模型的最优解，则：

（1）DMU_0为规模收益递增充分必要条件是$\theta>1$且$\sum_{j=1}^{n}\lambda_j/\theta>1$；

（2）DMU_0为规模收益不变充分必要条件是$\theta=1$且$\sum_{j=1}^{n}\lambda_j/\theta=1$；

（3）DMU_0为规模收益递减的充分必要条件$\theta<1$且$\sum_{j=1}^{n}\lambda_j/\theta<1$。

基于阿基米德扩展DEA模型的各数学符号的经济含义与C^2R模型相同，不同之处在于进行第0个决策单元效率评价时（0表示当前决策单元），使第0个决策单元的投入和产出被其他所有决策单元投入和产出的线性组合代替，而将第0个决策单元排除在外。即一个有效的决策单元可以使其投入按比率增加，其综合效率可保持不变，投入增加比率即为超效率评价值。

对于该模型评价规模效率时，λ值代表其规模变化，当$\sum_{j=1}^{n}\lambda_j=1$时，就限定其规模不变；当$\sum_{j=1}^{n}\lambda_j>1$时，表示规模的扩大。根据DEA效率分解原理：综合效率（θ）可以分解为技术效率（δ）和规模效率（s），三者关系为$\theta=\delta\times s$，当在基于阿基米德投入型C^2R模型增加$\sum_{j=1}^{n}\lambda_j=1$的限制条件，就得到$C^2GS^2$模型，从而测算出技术效率。DEA 有效的决策单元均分布在一个生产前沿面上，将一个非 DEA 有效的决策单元在生产前沿面上进行投影，可以测算出它与 DEA 有效决策单元的差距，这样可以将一个非有效决策单元修改成有效决策单元，调整公式见公式（3）。

$$\begin{cases} x_0 = \theta x_0 - s^- \\ y_0 = y_0 + s^+ \end{cases} \tag{3}$$

1.3.3　SWOT 模型分析法

SWOT 模型分析法（也称 TOWS 分析法、道斯矩阵）即态势分析法，是 20 世纪 80 年代初由美国旧金山大学的国际管理和行为科学带头人海因茨·拿里克教授率先提出（张晓君，1998）。该分析方法就是在产业发展战略选择前，通过与竞争对手比较，评价该产业的优势（strengths）、劣势（weaknesses）、机遇（opportunities）和威胁（threats），从而明确自身核心竞争力，制订科学的发展策略，具有很高的实际应用价值，在很多行业得到广泛应用。

SWOT 模型分析法，展开来讲是针对研究对象所处的 4 个方面的环境变量因素进行综合系统分析。具体而言，S（strength），其中文释义为优势、强项，顾名思义，为研究对象发展中的各项优势因素，一般而言指的是研究对象本身所具有的且能促进其发展的优势因素；W（weakness），其中文释义为弱势、缺点，其特指研究对象自身携带的缺点与弱势，这些不足会贯穿其整个发展进程，必须千方百计克服之，最大程度降低其不利影响。O（opportunity），中文释义为机遇、机会，特指研究对象在其发展过程中能够利用来自外部环境的机遇和机会，这种机遇可以在一定程度上有力地促进其发展进程；T（threat），其中文释义为危险、威胁，它所代表的是研究对象在其发展过程中所面临的来自外部和内部各种类型的威胁和挑战，这些威胁和挑战可以成就也可以毁灭研究对象本身。从整体上来看，SWOT 模型分析法可基本分为 S、W 和 O、T 两大部分，其中，前者 S、W 指的是内部因素，后者 O、T 则指代外部因素。S、W 主要分析的是研究对象的自身内部条件，其分析重点是研究对象本身内部的实力，O、T 分析主要是分析研究对象的外部环境，其关键点在于发现研究对象外在环境的更迭与这些变更施加于研究目标上所形成的或好或差的作用（郭朝阳，2007）。SWOT 分析中 4 大因素关系如（图 1-1）（袁牧，2007）：

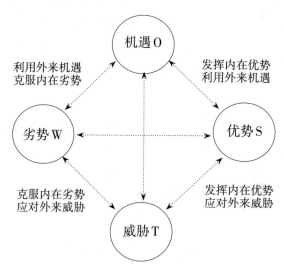

图1-1　SWOT 模型关系图

自 20 世纪 80 年代 SWOT 模型分析法被正式提出后的 30 余年来，国内外众多专家和学者便对其在具体操作的方法流程上进行了大量理论和实证的研究。影响比较深远的是 1985 年由美国哈佛大学著名管理学教授迈克尔·波特（Michael. Porter）提出的 SWOT 模型分析法的 4 类战略选择，这包括 SO 战略、WO 战略、ST 战略以及 WT 战略（陈昭楠，1995）。

作为一种战略决策分析法，SWOT 模型分析法自诞生之日起，一直到现在已经被运用到了各行各业，从小微个体企业到国家宏观战略均可看到 SWOT 分析的身影，SWOT 模型分析法对小到小企业主、大至国家领导人做出最终决策提供了有效参考价值。以下几点是近些年来海内外的相关专家学者在多个领域中对 SWOT 模型分析法的有效应用与研究，我们主要关注的是农业产业领域，这里列出的有 4 大类领域，具体如下：

1.产业领域

相较于个体企业领域的微观，宏观性在产业领域更具优势，这便造就了 SWOT 分析的更好应用，近些年来海内外的理论研究成果也很好地印证了此点。

我国的郑彦于 2006 年指出，根据联合国国际粮农组织（food and agriculture organization of the united nations，FAO）数据的基础之上，针对中国红茶国际市场进行了 SWOT 分析，系统综合地探讨了其优势、劣势、机遇和威胁，SWOT 分析结果最终表明：我国红茶在国际市场上不具备明显优势因素，但是遇到合适的机遇时，仍旧可能在国际市场上占有一定的地位。

美国的 Ram K. Shrestha 在 2004 年针对佛罗里达州中南部草林牧复合系统，作了 SWOT-AHP 分析，具体分析了草林牧复合系统内部的优势、劣势以及外部的机遇、威胁，结论显示，开发草林牧复合系统的优势、机遇要大于劣势、挑战，在保障生态环境的前提背景之下，国家和政府可以从草林牧复合系统之中获得应有的收益。这一结论加速了该政策的采纳（申或，2009）。

2.个体企业层面

SWOT 分析在诞生初期，最先运用到的领域是企业的战略决策，因而，在该领域中的 SWOT 分析应用研究较其他领域而言比较成熟，但是，由于其研究结果包含企业自身商业机密，因而，仅在企业内部流通，未能在知识界传播。

我国的章长生等人 2007 年在 SWOT 分析中加入了"战略轮盘"理论，这一方法的运用并结合目前的市场信息，有利于发现中小企业发展中的诟病，并制定出企业 SWOT 分析模型以及卓越发展战略选择（韩长生等，2007），促进中小企业有效战略的顺利制定。

美国的 Ihsan 等于 2007 年在一家纺织企业的企业发展战略中运用了集合了 AHP 分析的 SWOT 模型分析法，他认为 AHP 分析与企业实际情况有冲突，AHP 中的各个因素是彼此独立分析的。因此，在企业制定战略决策时，应当充分考虑 SWOT 分析的综合性因素，利用其因素之间的交叉性关系，合理地制定企业发展战略。

3.自然环境资源领域

与个体企业和产业领域不同，自然环境资源其涉及面更为广泛，普遍联系性较强。SWOT 模型分析法的全面性可以很好地适应自然环境资源方面的一些工作。在这一点上，国外的研究明显要多于国内。学者 P. Diamantopoulou 和 K. Voidouris 于 2006 年在爱奥尼亚海域中详细分析了扎金索斯岛地下水的水文水体特征情况（申或，2009），通过结论总结出了 SWOT 模型分析法在水资源评价中的有效应用，之后还对该海域水资源保护提出了建设性意见和建议。

Nouri，J. 于 2008 年对里海海岸环境管理状况进行了 SWOT 定量分析，对于存在的优劣势和机遇挑战进行综合打分（申或，

2009），最终结论显示，里海沿岸环境管理情况是机遇大于威胁，发展的潜力还是巨大的。但同时，结论显示里海沿岸环境管理战略存在一定问题，土地利用规划和污染控制问题亟须提到议题上来。

4.国家发展战略领域

SWOT模型分析法在个体企业、产业、资源环境方面均有研究应用，然而，SWOT分析应用领域已经不止于此，现在国家宏观战略层面也可以看见SWOT的踪迹，而且它的影响还在继续扩大。

Jurij Bajec于2004年指出，对于塞尔维亚和黑山共和国（塞黑）加入欧盟的战略必要性进行了SWOT分析（申或，2009），文中从其本国优劣势以及来自欧盟的机遇挑战分别进行了详细分析。同时，还站在欧盟的角度分析了加入之后对欧盟的一些影响，虽然其研究没有形成实质性影响，但为拓展SWOT分析应用范围开辟了新的通道。

1.4 技术路线

首先展开四川省农产品比较优势的研究：通过分析四川省区域农产品比较优势的影响因子，构建区域农产品比较优势分析模型，从而确定四川省主要优势农产品；其次开展四川省优势农产品竞争力综合分析及发展策略探析：综合运用李嘉图的相对比较优势理论、波特的钻石模型及SWOT模型，从影响竞争力的各主要要素进行定量与定性地交叉全面分析，深刻地剖析四川主要优势农产品在市场中的核心竞争力；最后进行四川省农产品比较效益研究：利用近5年四川主要优势农产品生产成本效益数据，对优势农产品的产量、生产成本、单位面积产值、投入产出比及生产效益与全国其他省份进行比较，研究和测算四川区域优势农产品比较效益。

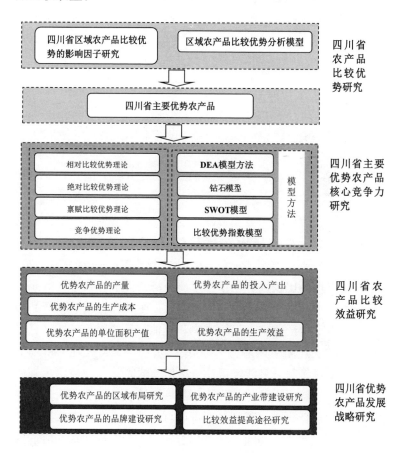

图1-2 总体研究技术路线图

第2章
区域农产品比较优势的基础理论探讨

2.1 区域农产品比较优势的内涵

区域农产品比较优势是指在市场经济条件下，某一区域能够充分地利用本区域相对丰裕的生产要素，生产和提供给农产品市场完全成本（生产成本、运输成本和其他交易费用）较低，有市场竞争力的农产品生产潜力①。其中，市场竞争力表现为市场上占有较大市场份额，且能经得住市场检验的能力。

首先，区域农产品比较优势不是一个笼统的概念，而是分层次、分范围进行研究。否则，就没有可比性，也将会失去研究意义，更没有实践指导价值。区域农产品比较优势应该包括下列几点：

（1）指一国内某区域某种农产品与国外同类产品比较，完全成本低，具有能占有国际市场的区域农产品，简称为国际比较优

---

①马惠兰，蒲春玲. 区域农产品比较优势来源与内涵解释[J]. 农村经济，2004（s1）.

势，即区域农产品比较优势是通过区域内不同农产品之间的比较来实现的。

（2）应更多地反映一国内不同区域同一农产品的比较所形成的比较优势，简称国内区位优势，即区域农产品的比较优势是通过一国内不同区际同一农产品的比较来实现的。

（3）应能反映一国各区域内不同农产品之间相比较而形成的某种农产品的比较优势，简称为区内产品优势，即区域农产品比较优势是通过区域内不同农产品之间的比较来实现的。

其次，区域农产品比较优势不能通过区域间农产品的生产成本比较来进行判断与确定。因为比较优势理论在解释国际或区际贸易和分工时，把不同的国家和区域简化成空间中的某一点，而对现实客观存在的空间运输距离及其他交易成本，进行"无空间"的抽象论述。而现实研究中会发现，有许多的农产品一般会呈现出同质农产品在不同区域存在着现实的价格差异这样的市场格局。因此，我们在界定区域农产品比较优势的概念和内涵时，必须考虑运输成本和其他交易成本这一客观存在的现实①。

同时，区域农产品比较优势不能仅从区域优势条件或要素中识别和判定，也不能通过区域规划来确立和自封，而是要能够通过市场检验和衡量的。这里所说的市场是完全开放和自由竞争的市场，对于垄断和封闭的农产品市场来说，就没有比较优势而言。因此，区域农产品比较优势是市场选择、竞争活动的结果。

最后，区域农产品比较优势是一个动态变化的过程。当构成区域农产品比较优势的因素及条件发生变化时，其优劣势也会呈现对应的变化。因为市场供求变化、技术进步以及要素在区域间的流动，会使目前处于优势和劣势的农产品有可能在将来发生变化。并且，区域农产品比较优势是一种潜在的优势，需要不断地

---

①马惠兰，蒲春玲.区域农产品比较优势来源与内涵解释[J].农村经济，2004（s1）.

培育、创造并保持这一优势，才能将其真正从潜在优势转变成真实的竞争优势。

2.2 区域农产品比较优势的理论基础

区域农产品比较优势的理论基础在本质上应该与国家农产品比较优势理论没有什么区别，都来源于国际贸易理论中的比较优势理论体系[①]。

2.2.1 绝对比较优势理论

绝对比较优势理论（the theory of absolute advantage）又称为绝对成本学说或绝对利益理论，是英国古典政治经济学家的奠基人亚当·斯密最早在《国民财富的性质及其增长的原因》（又称《国富论》）中有关批判重商主义的贸易理论提出的一种国际贸易理论[②]。

绝对优势理论主张：两个国家之间的贸易基于生产成本的绝对差异，而绝对成本的差异即有可能来自于各国所拥有的人力无法控制的因素，如自然资源优势，像气候、自然地理、土壤和地质地貌等条件；也有可能来自于某个国家的可获得性资源优势，如特殊产品的生产技术和技能、资本积累等[②]。因为各国自然资源和社会因素造成的差异，各国在生产同一种产品中会有不同的生产成本，所以就形成了各自绝对优势的差别。

绝对优势理论的核心：各国都应该利用各自的优势，专门化生产具有自己绝对优势的产品，并最大程度地扩大生产规模和出口数量，通过国际贸易来将这些优势农产品交换成本国所需要的

---

①马惠兰.区域农产品比较优势理论分析[J].农业现代化研究，2016，25（04）：246-250.

②马惠兰.区域农产品比较优势理论研究与实证分析[D].2004.

且生产成本较高的产品。这样的专业化分工和自由贸易会使得各国资源都可以被充分地利用，而且会使所有农产品的产出量都大大提高，最终达到贸易双方双赢的结果，这一做法符合国际分工贸易中"趋利避害"的原则。其中，分工与专业化可以节约劳动转换时间；发明新的生产工具；采用"干中学"方式，提高劳动熟练技能①。

但绝对优势理论也存在缺点，如它对当一国在各种产品生产上都具有优势，而另一国都处于劣势时，两个依旧可以进行贸易活动的这一现象无法做出合理的解释。

2.2.2 相对比较优势理论

相对比较优势理论（the theory of comparative advantage）是在亚当·斯密的基础上，由英国古典政治经济学者 D. 李嘉图在《政治经济学及赋税原理》中提出的国际贸易理论。这一理论论证了自由贸易发生发展的合理性和可行性，对于绝对优势理论进行了补充和发展，它对国际贸易理论的发展产生了重大影响，以后的自由贸易理论都是根据比较优势理论这一分析模式不断展开的。

相对比较优势理论主张：在所有产品生产方面具有绝对优势的国家没有必要生产所有产品，而应在多种产品中择优，即选择生产优势最大的那些产品进行生产；并且在所有产品生产方面都处于劣势的国家不能什么都不生产，可以选择不利程度最小的那些产品进行生产。因此，即使生产两种商品的生产商都处于劣势，但只要它们的不利程度不太相同，相比之下总有一种商品的劣势更低，即相对比较优势。假设其中一国利用相对优势进行专业化的分工，然后用其产品进行国际交换，贸易双方同样能从交

---

①雪燕. 区域主要粮食作物比较优势分析系统[D].北京：中国农业科学院，2006.

换中获得利益。

相对比较优势理论假设：贸易国的资源是固定的，同时单位质量的资源是同质的；劳动力是唯一的投入要素；生产要素在国际之间是不可以自由流动的，但是在本国内是可以流动的；生产与交换在完全竞争的条件下进行；国际贸易不存在运输费用和其他交易成本；所有的劳动力都是均质的，所有的劳动都有相同的生产率[①]。

2.2.3 禀赋比较优势说

禀赋比较优势说（the throry of factor endowment），又称为资源禀赋说，是在相对比较优势理论的基础上，由瑞典著名经济学家赫克歇尔和俄林提出的一种国际贸易纯理论，即人们常使用的H1-O模型。

禀赋比较优势说主张：

（1）禀赋比较优势理论认为国际贸易的比较优势源于各国劳动生产率的差异。明显，用劳动生产率单一因素的差异来衡量国际贸易中的比较优势是静态且片面的，由于各国劳动生产率的不同导致各国生产同类产品的成本不同，比较优势理论把成本的差异原因只归结于劳动生产率的不同，而现实中决定成本的因素除了劳动生产率外，还有许多其他影响因素如土地、资本、管理等。而禀赋比较优势说则将国际贸易中的比较优势差异及这种差异的成因归结于各国生产要素的差异[②]。

（2）比较优势理论只给了人们一种乐观的利益共享的贸易前景，但没有考虑要素价格和要素收入分配的问题。而禀赋比较优势说不仅深入分析了要素供给方面的差异如何影响相对价格差别

---

①雪燕.区域主要粮食作物比较优势分析系统[D].北京：中国农业科学院，2006.

②马惠兰.区域农产品比较优势理论研究与实证分析[D].乌鲁木齐：新疆农业大学，2004.

和比较优势，还具体分析了国际贸易的开展如何影响两国的要素价格和收入问题。

禀赋比较优势说的核心：推崇要素的充分流动以提高要素的生产率，它将生产要素资源禀赋、生产要素价格差异、生产中要素的密集程度和国际贸易联系在一起，使其国际贸易理论更贴近现实的国际贸易活动，同时克服了绝对比较优势理论和相对比较优势理论中的某些局限性，如生产商品需要不同的生产要素而不仅仅是劳动力[①]。

禀赋比较优势说的假设：2×2×2模型；两国在生产同一产品时都适用的同一技术；要素密度不可逆转；两国在生产X和Y两种产品时都是规模报酬不变的；两国的消费需求偏好相同且不变；要素在国内的不同产业和地区间是可以流动的，但在国际之间不可以进行流动；国内的产品和要素市场都是竞争关系。

2.2.4　竞争优势理论

竞争优势理论是美国哈佛大学商学院M.波特在比较优势理论的基础上，在《国家竞争优势》的基础上提出的。该理论对比较优势理论进行了拓展，弥补了不足，定义出一个崭新的范畴。

竞争优势理论的主张：

（1）生产要素包括基本要素和高级要素，其中，基本要素指一国先天拥有的自然资源和地理区位要素、非熟练劳动力要素等不需要花费多少代价就能得到的要素。高级要素指高新技术、熟练的劳动力等需要花费很大的代价，并且通过投资和发展而创造出来的要素。

（2）国内需求指扩大国内需求有利于形成规模经济，并且，如果国内需求者善于对比，品位较高，就会有利于提高产品质

---

①雪燕.区域主要粮食作物比较优势分析系统[D].北京：中国农业科学院，2006.

量、档次和服务水平，并且将国内的需求转变为国际市场需求，在世界市场上拥有较强的竞争力。

（3）相关与支持产业，国内为其主导产业提供投入和服务的上游供给产业及其他相关产业。影响国内主导产业降低产品成本、提高质量，取得竞争优势的重要因素是发达并完善的相关与支持产业。

（4）企业的竞争能力由外部环境决定，政府部门不仅要为部分企业提高保护，还应为社会创造一个公平竞争的环境①。

竞争优势理论的特点：

（1）竞争优势理论在传统比较优势理论的基础上进行了拓展，超越了传统比较优势理论对某些因素的限制，认为竞争优势主要取决于一国的创新机制和企业的后天努力及其进取精神，只要企业敢于竞争，积极创新，一个处于劣势的国家发展成优势国家也能成为可能。

（2）竞争优势理论是以不完全竞争市场为理论分析的前提，重点强调非价格竞争，注重要素的质量和产品的价格需求，更贴近现代经济市场①。

（3）竞争优势理论综合考虑了企业、产业和市场，从一国的整体生产水平出发，探究怎样能在贸易活动中得到更多的利益。

2.2.5 区域农产品比较优势再造论

区域农产品比较优势再造论的内容主要有以下几点：

（1）批判传统的比较优势理论。传统的比较优势理论认为某一区域生产什么取决于这一区域的比较优势，只要某种要素有一定优势，即要素投入成本低，就开发生产相对应的产品，产品具

①马惠兰. 区域农产品比较优势理论研究与实证分析[D]. 乌鲁木齐：新疆农业大学，2004.

有成本优势就能在市场上取胜。但随着生产力的发展和人们生活水平的提高，人们对产品的需求变得日益复杂起来，成本不再是争取消费者的唯一决定性因素，产品种类的多样化和个性化、售后服务的专业化、产品质量等都使单纯的成本已经不能再称为竞争制胜的唯一法宝。专业化的服务、产品的多样化、便捷的运输等都使传统的比较优势不复存在。区域农产品的比较优势必须不断再造，而专业化是创造比较优势的根本途径①。

（2）发展趋势是农业分工专业化。发达国家农业发展的一大趋势是形成规模化、特色化与专业化生产。比如荷兰已形成花卉与牛奶的产业区，比利时精于养鸡，而法国专门生产小麦及面包，丹麦在养猪方面很出色，这样精细的分工与专业化，使每一个国家都拥有自己独特的产业区。美国的农业也一样，如苹果生产主要集中于华盛顿州，棉花生产主要集中于南部的几个州，小麦生产则集中于中部的几个州，形成了各自专业化的产业带。而我国目前的状况是，仅仅小麦、玉米在全国就有20多个省份在生产，造成许多省份的产业结构雷同，形成大而全的结构，不利于农业发展。发达国家的经验告诉我们，专业化是农业现代化的必然选择。实践证明：专业化分工生产可以创造区域农产品比较优势。

（3）农产品分工专业化的类型分析。农产品生产分工包括水平分工和垂直分工。其中，水平分工主要解除了农民横向联系与发展的问题，在水平分工之前，大部分的农户如果兼业，就必须了解多种农作物的生产知识。但如果分工，农户们就可以把精力集中于某一作物上，从而获得专业知识，提高自身的竞争力。垂直分工主要指部分农户分离出专业从事农产品生产的产前、产中、产后服务，从而有利于该环节的专业知识和技术进步，也有利于制度的创新和发展。通过这样的分工可以大幅度提高劳动生产率，因此，水平分工是基础，垂直分工是水平分工的深化，两种分工都对区域农产品的比较优势有益。

2.3 区域农产品比较优势的影响因素分析

影响区域农产品比较优势的因素有很多，如自然资源因素、要素禀赋因素、资本因素、技术因素、分工因素、质量因素、政府行为与经营体制因素等。

2.3.1 自然资源因素

农业生产和发展的基础依赖于自然资源，也是传统农业布局的依据。农业资源的空间分布及其组合对区域农产品生产与发展的影响主要表现为：自然条件的地理差异是农业生产地域分工的自然基础。由于农业生产的最基本特点就是经济再生产过程同自然再生产过程的一致性，因此，影响动植物生长的光、热、水、土、地貌等自然因素就成为影响农业生产与发展的重要资源条件，其时空分布及组合直接影响到农业生产布局和区域间的农业生产分工。但是必须看到自然资源对农产品生产的决定作用正在减弱。由于技术的不断进步，自然资源对区域农产品比较优势的形成并进而发展成为竞争优势的约束作用较从前已经大大减弱。

2.3.2 要素禀赋因素

农业生产活动中所需要的基本的物质条件和投入要素称为要素禀赋因素，它包括传统的生产要素，如自然资源、劳动力、资本、技术；现代生产要素，如制度、信息、管理等。这里就自然资源中的耕地和劳动力要素作一详细的分析。

中国耕地资源禀赋因素是长期限制我国农产品比较优势提升

的一个重要因素，具体原因是我国人多地少，人均耕地资源不足。中国耕地资源禀赋具有以下特点：

（1）耕地资源总量丰富，人均耕地资源不足。

（2）耕地质量较差，生产力水平不高。

（3）耕地后备资源少，开发潜力有限[①]。

劳动力要素对区域农产品比较优势的影响主要取决于劳动力的素质高低。区域劳动力素质高对形成区域农产品比较优势具有决定性的影响，区域劳动力素质高，创造区域农产品比较优势的可能性就大。要素禀赋对农业生产比较优势的影响很大，但随着经济全球化步伐加快，要素禀赋对某一区域农产品比较优势的影响是可以改变的，劳动力都可以自由流动，重新集聚，为某一有活力的区域所利用。总体来看，区域劳动力技术知识与管理能力，特别是区域农业企业家群体的管理能力，对农产品比较优势再造非常重要。

2.3.3　资本因素

资本因素对区域农产品比较优势的影响表现在：通过加大资本投入可以改变落后的农业生产条件，促进农业科技进步，从而达到促进结构升级，使区域农产品生产结构和产品结构合理化、高级化，有利于农业生产结构和产品结构朝着更好地发挥比较优势产业和产品的方向发展，从而提高区域农产品的比较优势水平[②]。

2.3.4　技术因素

技术因素影响区域农产品的比较优势主要包括以下几点：

---

①王静.中国农产品比较优势变化及其影响因素研究[D].华中农业大学，2014.

②周鹏.区域农产品比较优势再造论[J].农业经济问题，2008（3）：41–46.

（1）技术进步可以降低单位农产品生产成本。

（2）技术进步可以提升农产品的质量。区域农产品生产可以通过采用现代的技术手段来提高农产品质量、降低产品成本，从而减少农业生产受自然界的制约，创造自己的比较优势。可以肯定，现代农业技术的引进与创新能在较短的时间内创造某种农产品的区域优势，从而实现农业的跨越式发展。

2.3.5　分工因素

分工因素对比较优势的影响是至关重要的，它可以提高区域劳动力的专业技术知识与管理能力，通常分工越精细其比较优势就越强。

2.3.6　质量因素

质量因素对农产品比较优势的影响越来越重要。随着全球经济一体化进程加快，农产品市场竞争日趋激烈，农产品的市场价格差异逐渐缩小和消失，消费者对农产品质量的要求越来越高，区域农产品质量的高低直接决定了其在市场竞争中的地位，决定了其比较优势的高低和强弱①。

2.3.7　政府行为与经营体制因素

随着国家整体经济的迅速增长，国家财政农业支出和农业投资总额不断增长，但相对比重增长缓慢，这严重影响了我国农产品的等级，从而对我国区域农产品的国际竞争力造成了较大影响。

波特认为政府的作用主要体现在：政府通过政策调节，创造竞争优势。区域农产品比较优势的提高离不开各级政府特别是乡

---

①周鹏.区域农产品比较优势再造论[J].农业经济问题，2008（03）：41-46.

镇一级政府的支持和保护。政府在发挥区域农产品比较优势中的职能主要体现在制定制度、提供信息、市场基础设施建设和科学研究与推广等公共基础服务上。值得注意的是，不同区域的政府或同一区域的政府所处的发展阶段不同，政府行为对比较优势的影响也不同，一般在有工业基础的区域更有作为。

第3章
国内外农产品比较优势
研究现状及经验

3.1 发达国家农产品比较优势研究现状及经验

竞争是市场经济的基本特征，对企业、农民等的经济活动影响重大，迫使其争取超越竞争对手的优势[1]。一定的生产力水平和结构决定一定的贸易水平、结构和比较优势格局。而不同经济发展阶段、贸易战略和比较优势决定不同的对外贸易政策；不同的对外贸易政策又影响着比较优势态势，世界各国的经济发展水平不同，农产品国际贸易专业化就不同，农产品比较优势也就不同[2]。了解国内外研究的现状及经验对四川省优势农产品效益分析比较，合理形成农业生产力布局，发挥区域农产品比较优势具

---

[1]Toshboyev A J，Mardiyev N M，Ziyadullayev I N，et al. Assessment of the competitiveness of agricultural production enterprises[J].IOP Conference Series： Materials ence and Engineering，2020，919（4）：042006（8pp）.

[2]牛宝俊.世界农产品比较优势变动规律与中国的政策取向[J].国际经贸探索，1997（4）：11–14.

有重大意义。

通过进行比较优势分析可以帮助预测有关产品在更具竞争性的环境中的生存前景。1989 年 Eithne[1]使用了国内资源成本（DRC）的方法，评估欧洲共同体（EC）内国家乳业的相对比较优势，并得出荷兰和比利时是乳制品比较优势最大的国家。但尽管 DRC 具有分析上的优势，却受到市场数据不完善、不充足的限制。1991 年 Christophe 等[2]利用多边 Törnqvist 指数估算了包括德国、法国在内的欧洲共同体 10 个国家的小麦、甜菜、生猪和牛奶生产的相对效率水平。研究发现，影响作物比较优势的主要因素包括但不限于农场的平均面积大小、农业机械和劳动力的雇佣成本、劳动力的生产效率。如英国因其农场平均面积大的规模优势，加之劳动力单产与其他国家差别不大，在小麦的种植上具有较高收益率；对于甜菜，法国有着最高的生产率，英国则囿于其高昂的农业机械和劳动力雇佣成本，加之其产量不高，甜菜没有较高的比较优势；而德国因为农业产量较小，在生产和劳动力上效率不高，小麦和甜菜的收益率都相对较低。

劳动生产率受农民的生产方式和生产决策影响。农作物的生产应集中在保证农业市场供应链的竞争条件上，农民需要掌握有关作物价格的准确信息和最新信息，以便做出最佳农业决策。Rivera-padilla A[3]通过模型的定量结果表明，生产决策可以理解贫穷国家和发达国家劳动效率的差距。结构转型可以帮助提高劳

---

[1] Eithne M. Comparative Advantage in Dairying: An Intercountry Analysis within the European Community[J]. European Review of Agricultural Economics，2000（1）：19-36.

[2] Christophe B J，Jean-Pierre B. Productivity gaps，price advantages and competitiveness in E.C. agriculture[J]. European Review of Agricultural Economics.

[3] Rivera-Padilla A. Crop choice，trade costs，and agricultural productivity[J]. Journal of Development Economics，2020，146：102517.

动生产率。比如世界第一的经济强国美国，自然资源丰富，特别是粮油作物、动物产品在世界生产和贸易中都占有很重要的地位。其地处北美中部大陆（除阿拉斯加和夏威夷），东临大西洋，西临太平洋，全国大部分地区降雨量充足[①]。按优势农产品主要产区可大致分为小麦产区、大豆产区、玉米产区、棉花产区等农产品主产区。除此之外，其东南部佐治亚、佛罗里达等地的水果、蔬菜生产全球闻名，总体来看，美国农业资源条件优越，全国耕地面积现有1.9亿多公顷，占到国土面积的20%，而且其可耕地后备资源丰富，草地、森林资源人均占有量也居世界前列。美国农业早在20世纪70年代就已全面实现现代化，20世纪80年代中期率先提出了发展可持续农业。目前其一方面重视传统技术应用和现代生物、生态技术的开发研究，强化研究推广农业特别是种植业整体生产技术体系，以充分利用现代农业高新技术的发展，提高农业生产力和生产水平;另一方面注重农业资源维护和生态环境保护策略的制定与技术开发应用，努力减少化肥、农药、添加剂等化工产品的投入，使资源得到有序利用，农产品质量标准提高，土壤肥力和生态环境得到不断改善，实现经济可行性和社会可行性的协调统一[①]。其玉米等作物生产是高度机械化的，因此农业内部会将就业分配给如水果在内的劳动密集型作物，进而进一步减少生产成本，提高自身农产品的比较优势。除此以外，部门生产率的提高或技术的进步可以在农业部门内重新分配劳动力。

劳动生产率还受农业结构的影响，Jung[②]通过比较1940和1960年的人口普查数据发现，美国南部棉花租户的流入降低

---

①梁建岗.美国农作制度与可持续农业对我们的启示[J].山西农业科学，2001（1）：92–96.

②Jung Y . The long reach of cotton in the US South: Tenant farming, mechanization, and low–skill manufacturing[J]. Journal of Development Economics，2020，143.

了非熟练制造业劳动力的平均教育水平，棉花机械化引起的结构变化降低了工业劳动生产率。Jung在文献中同样表明结构变化可能会基于农业背景对技术和生产力的演变产生异质影响，发展中国家和发达国家的同等结构变化可能产生相反的影响。

基于比较优势理论在国际贸易理论的核心地位。农业出口型国家对农产品比较优势研究一直都是农业国际贸易研究的重中之重。

以美国为例，美国的农业政策直接影响美国农业生产。农业生产影响农业贸易，因此，美国农产品贸易政策包含着农业政策[①]。20世纪30年代，美国农场在美国就业和GDP上有着重要地位，但是其人均收益只有全国平均收益的三分之一。为缓解农业萧条带来的农场主收入危机，美国开展了"新政"。1938年美国国会通过的《农业调整法》，1948年的《商品信贷公司特权法》和1949年的《农业法案》构成了美国永久性地支持农产品价格和支持农民收入的法律框架。

总的来说，美国在农产品方面基于本国国情设立了一系列保护本国农民的政策。为了本国农产品不受或者少受外来农产品市场的冲击，美国通常会通过高额关税、技术性贸易壁垒来保护国内的农业生产环境。通过对他国的农产品实施严格的配额限制，严密把控外来农产品流入的种类和数量，让本国的农业企业和农产品市场不受侵害。

事实上，李嘉图指出的比较优势仅立足于技术的不同而产生不同的结果。就美国等发达国家而言，农业生产模式已经是走在世界前列，传统的农业运作模式不足以完全发挥出自身的体量优势，而新的技术导致的结果是某些农作物产量相对过剩，在全球

①朱颖，李艳洁.美国农产品贸易政策的全面审视[J].国际贸易问题，2007（6）：39–44.

经济一体化的背景之下，为追求农业发展和增加贸易收益，必须遵守比较优势原则进行国际贸易。在此项前提下，为了减少国际贸易中外来农产品对本国农业市场的冲击，减少自身进口农产品额度，增加自身在贸易上的比较利益，美国颁布的有关农产品贸易活动的政策也就有迹可循。

关税和配额限制：这是美国对自身的进口贸易的限制，通过提高进口关税来限制外来农产品对本国市场的冲击。以美国对中国的进口关税为例，美国对中国各类农产品征收的平均关税已经超过了30%，甚至于个别的农产品关税达到了100%~350%。高昂的农产品关税促使中国出口美国的农产品价格上涨，从比较优势的角度考虑，这有效减少了中国农产品在美国农产品市场上的价格优势。同时，美国对外来农产品设置了严格的配额限制。例如纺织品、金枪鱼以及乳制品等众多类别，要求出口到美国的农产品必须遵从限额，并对超出的部分征收高额的关税。这些贸易壁垒的存在对外来农产品市场阻碍极大，让美国在农产品贸易上保持着顺差状态。

技术性壁垒：美国作为世界上唯一的超级大国，高新技术和对外严格的检疫标准也是对其他国家出口到美国的农产品的极高限制。这类技术性贸易壁垒基本上都带有隐蔽的、不合理的标准，阻碍着外来农产品的进入。比如说HACCP认证系统，这是美国最为常见的认证制度之一，也是现在在美国农产品检疫的基本条件，它主要是对食品安全进行识别评估。HACCP认证体系严格的评估和监控让很多农产品生产、加工技术远低于美国的国家的出口农产品不能合理地进入美国上市。

同样作为发达国家的法国也是农业大国，是欧盟的第一农业大国。法国位于欧洲的西部，三面环海，西临大西洋，东南面临地中海。因为地理环境对农产生产的导向性，法国北部主要种植小麦，西部是生产牛奶、乳制品的重要地区，南边接触地中海，是典型的亚热带地中海气候，适合水果、蔬菜、葡萄酒等农产品生产。随着国民经济的发展，农业经济在整体经济的占比会越来越多，但是，农业作为国家的基础性产业，是保持国民整体经济健康的必要产业，因此保证农业经济的发展是重中之重。和其他产业相比，农业产生的收益少、效率低，而且传统农业对人力资源和自然资源要求高。高物力和低收益让农民对农业生产的积极性不高，实际上这种情况对农业经济发展极为不利。那么法国是如何解决这个问题的呢？

法国传统的农业生产是种植业，以种植小麦、大麦等传统的粮食作物为主。伴随着农业发展，目前法国的农业结构基本上是将种植业、畜牧业、渔业和林业同步发展，并且联系紧密。和传统的种植业不同，因为畜牧业在法国农业的重要地位，法国的种植业更加偏向于草场，据统计，法国草场总面积占法国耕地总面积的53%，其中永久性草场占耕地总面积的39%，占草场总面积的73%。同时，法国在农业科研上投入极大，一直努力保持本国农业在品种和肥料的先进性，先进的生产资料和技术让法国种植业可以稳步发展。目前来说，法国的种植业生产基本已经实现了现代化机械作业。畜牧业方面，法国草地面积大，气候温和等天然环境因素让法国在畜牧业方面具备天然优势。在自然环境优渥的同时，法国的畜牧产业规模化程度也比较高。此外，其饲养技术、繁殖技术、机械化程度、生产管理等方面也居世界前列。

欧洲经济共同体诞生以后，法国对农业的支持力度逐步加大，国内农业税基本取消，在一些情况下还可以获取一定规模的补贴。1957年3月欧洲经济共同体的成立后颁布了共同农业政策（CAP），这项政策的颁布让整个欧洲农业竞争力水平提高，促进了欧洲农业与农村发展，起到了稳定农产品市场和环境保护等作用。同时这项政策让本身就是欧洲农业大国的法国收益极大。在CAP的鼓励下，法国农业已经实现了现代化、机械化工作。

法国农业可以说是现代发达农业的代表，这是法国一直以来对农业的重视和支持的成果。法国农业建设不仅仅是长期的对农产品品种进行研发，还有其在全国建立的大批的中、高等农业院校和培训中心，建立了完整的农业教育和农民培训体系。法国在农业教育上投入资金极大，各级学校分工明确，囊括了农业技术教育、农林工程师培养和LMD教育数个模块。从基础的农业作物培育到农业品种研究，各级教育目标明确，目的性强，可针对性地提高不同农作物生产者的专业知识。

法国国内同时还拥有着数量众多的农民组织，这些农民组织可以更好地反映农民的意愿，协调农民与政府之间的关系。法国的农业行会组织基本上已经成为一个庞大的经济实体部门，在农业的生产、加工和贸易等领域都起着不可或缺的作用，可以说农业合作社已经成为法国农业经济体系贯穿整个农业的一部分。

除去农业扶持政策和农民组织对农业的帮助，法国还努力推进农业企业化经营，着重打造国际农产品品牌，坚持品牌效应。在不断推进企业化、专业化的同时，鼓励大型企业从产地出发，打造具有核心竞争力的安全健康的细加工农产品。为了打造优势产品，法国实施了严格的食品质量认证与质量安全管理，设立的食品来源可追溯制度让消费者可以通过食品质量认证标志追溯到相应农产品从生产到加工再到销售主体的线路，以此保证食品的安全。

与中国隔海相望的韩国和日本，由于其国土面积和自然资源的限制，大部分农产品都来自进口。为了维持他们农产品自身的比较优势，他们通过制定相关政策、调整经济结构，减少了外源农作物对其市场的影响。比如 UyT[①]，Sposi[②] 和 Betts[③] 等人研究了开放经济背景下韩国的结构转型，发现比较优势会随着结构转型发生演变。Bett 等人[④]还整理韩国 1963 年至 2000 年各部门出口补贴和关税税率的时间序列数据，并将其引入多部门贸易模型，以评估它们对韩国结构转型的影响。

2004 年 Kikuchi 等人[⑤]通过建立农产品和制成品两种商品的贸易模型，得出了农业生产率水平决定比较优势结构的结论：农业生产率有绝对优势的国家，在制成品上也具有比较优势。Cvijanovic 等人[⑥]在研究中表示，近几十年来，农业生产的主要特征是加大投入以达到成本效益并产生利润。但集约化发展农业和非理性使用资源使得生物多样性减少、土地肥力退化，进而降低农产品食用安全性和生物学价值。应鼓励发展可持续农业生产方法，如引入具有高遗传育性潜力的新品种和杂种，使用新型生物肥料，运用科技的手段提高农

---

①Uy T ，Yi K M ，Zhang J . Structural change in an open economy[J]. Journal of Monetary Economics，2013，60（6）：667-682.

② Michael Sposi. [M]Evolving Comparative Advantage，Structural Change，and the Composition of Trade. Sposi2012：Manuscript.

③Betts et al. Trade，Reform，and Structural Transformation in South Korea. C. Betts，R. Giri and R. Verma. 2016：Manuscript

④Betts et al. Trade，Reform，and Structural Transformation in South Korea. C. Betts，R. Giri and R. Verma. 2016：Manuscript

⑤Kikuchi T . Agricultural Productivity，Business Services，and Comparative Advantage[J]. Open Economies Review，2004，15（4）：375-383.

⑥Cvijanovic G ，Dozet O ，Ukic V ，et al. The importance of biofertilizers in sustainable production of corn，wheat and soybean[C]// International Conference on Competitiveness of Agro-food and Environmental Economy Proceedings. The Bucharest University of Economic Studies，2015.

产品产量和比较优势。Gardner[1]也表示环境会通过对农作物的生产实践或对农产品的经济价格之间或间接地影响农业的竞争优势。而环境问题很有可能是由农业中不恰当的做法引起的。应利用传统的植物育种技术和生物技术的新技术，结合补充的作物管理实践，开发改良的粮食作物品种，以解决土壤尤其是贫瘠土壤的作物产量问题[2]。Alberto认为降低农作物的储存和运输成本可以对农业劳动生产率产生显著的积极影响，降低交易成本和建立竞争性市场对农民收益至关重要。

中日韩三国都是世界上重要的农产品进口国。但在东亚地区，农产品贸易主要呈现出日韩对中国的农产品进口的特点。根据商务部的统计资料，中国第一大农产品出口市场是日本，韩国在中国的农产品出口市场也长居前位[3]。

出口农产品集中度高和结构稳定性好是中国对日本农产品贸易结构的两大主要特征。

从图3-1上可以看出产品集中度高主要体现在两类农产品：园艺类农产品和水产品。两类农产品贸易出口占到中国对日本农产品贸易出口总额的65%，而畜牧类农产品和大宗类（谷物及制品、糖、饲料、油籽和含油果实）农产品占20%。整体上处于农产品贸易结构稳定，出口集中度波动小的状况。

①Gardner B L，Bredahl M E，Ballenger N，et al. Environmental regulation and the competitiveness of U.S. agriculture.[M]// Financial crises and Asia. Centre for Economic Policy Research，1996.

② Wade，N. International Agricultural Research[J]. ence，1975，188（4188）：585–589.

③郑松伟.中国对日韩农产品贸易比较优势及影响因素分析[D].长春：东北师范大学,2016.

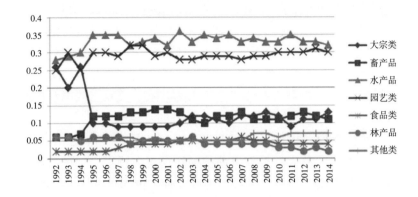

图3-1　中国对日本农产品贸易种类结构

资料来源：联合国COMTRADE数据库

对比日本农产品进口种类结构（图3-2）可以发现，大宗类、园艺类、水产品和畜产品依次是日本进口农产品中占比最高

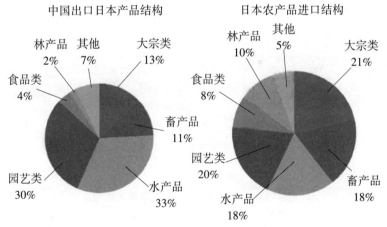

图3-2　中国出口日本产品结构与日本农产品进口结构图[①]

_____

[①] 郑松伟. 中国对日韩农产品贸易比较优势及影响因素分析[D].长春：东北师范大学,2016.

的种类，合计占比为77%，而中国这四大类农产品出口占比合计
高达87%，可见，中国农产品出口结构与日本农产品进口结构整
体上匹配性好。仔细分析发现，大宗类农产品和畜产品在日本农
产品进口中合计占比为39%，而中国大宗类和畜产品对日出口占
比仅为24%，这两类农产品匹配性稍显不足，反映出我国对日出
口大宗类农产品和畜产品有进一步提升的空间①。

　　总体上说，中国对韩国农产品出口贸易有出口集中度高、
出口集中度波动大、后期贸易结构稳定三大特点，如图3-3中
所示。综合图上的数据，我们可以发现中国出口韩国农产品种
类主要集中在水产类、园艺类和大宗类农产品上，占据中国出
口韩国农产品贸易额度的80%，体现出农产品出口贸易上的集
中度高，但中国出口韩国农产品贸易整体存在波动性较大的
问题。

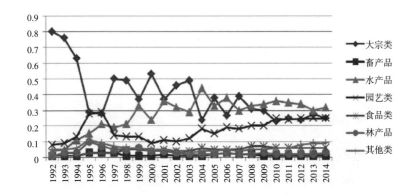

图3-3　中国对韩国农产品贸易种类结构
数据来源:联合国 COMTRADE 数据库

①郑松伟.中国对日韩农产品贸易比较优势及影响因素分析[D].长春：东北师范
大学,2016.

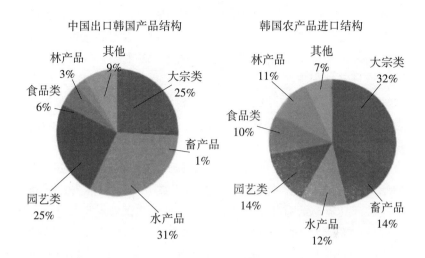

图3-4　中国出口韩国产品结构与韩国农产品进口结构图[1]

　　对比韩国农产品进口种类结构可以发现，水产品、园艺类和大宗类三类主要农产品在中国对韩国农产品出口中合计占比高达81%，而同期韩国这三类农产品进口占比仅为58%，中国对韩国农产品出口结构与韩国农产品进口结构整体上匹配性不足。同时，畜产品在韩国进口农产品贸易中所占比重高达14%，与中国出口韩国农产品中畜产品极低的1%占比形成鲜明对比，可见在具体农产品种类上也存在匹配性不足问题。究其原因，跟中国动物卫生监管防疫标准体系不健全、畜产品药物残留检测方法不完善直接相关。

3.2　国内农产品比较优势研究现状

　　在供给侧改革推进背景下，研究特色农业产业结构优化和转

_____

　　[1]郑松伟.中国对日韩农产品贸易比较优势及影响因素分析[D].长春：东北师范大学,2016.

型发展问题对于整体上提升农业的供给质量、效益和竞争力具有重要的理论和现实意义[①]。经济全球化为更多生产者提供了参与国际贸易和外国直接投资的机会[②]。加入世界贸易组织后，中国农业将处于一个更加开放的国际经济环境中。要使中国有效地参与国际竞争，就需要对中国农产品比较优势状况有较清晰的把握。

2007年Zheng等人运用Grubel-Lloyd指数、Finger-Kreinin类似指数和出口多元化指数等不同贸易指数，对1996年至2005年中美农产品贸易结构进行了实证分析。认为中国农产品有进一步发展的巨大潜力。Jing等人[③]利用1980年至2003年期间的大量数据，基于显性比较优势指数（RCA）研究了中国农产品的竞争力。该指数有助于确定比较优势与比较劣势之间的界限。研究表明，中国的某些农产品，例如食用蔬菜和茶叶，具有比较优势，但RCA值在24年中一直在下降，这对中国农业结构的未来改革产生了巨大影响。Pan[④]使用NX指数（net export）对国内不同农产品（包括肉类、鱼类等）在国际上的比较优势进行了分析，发现在主粮的供应上我国有较大竞争优势，但食用油、植物油等处于劣势。

①张柳,孙战利,张社梅.供给侧背景下推进特色农业转型发展的思考——以蜂产业为例[J].农业现代化研究,2019,40（1）：63-71.

②Kaplinsky, R., Morris, M., Readman, J., 2002. Upgrading Using Value Chain Analysis. Available at：https：//cris.brighton.ac.uk/ws/files/151841/Understanding_value_Using_Value_Chain_Analysis.pdf accessed on 12 June 2019.

③Jing Z . Revealed comparative advantage and competitiveness of China's agricultural products[J].农业科学与技术（英文版），2005.

④PAN WQ. Countermeasures to increasing international competitiveness in Chinese agriculture[J]. Research on Economy and Management，2000，4：8-12.

　　农业生产率是了解各国收入差距，比较农产品相对优势的新视角。最富裕的10%的国家的农业劳动生产率可达最贫穷的10%的国家的45倍[1]，Zhang[2]等人通过中国独特的土地所有制和快速增长的土地租赁市场对我国农村家庭农业劳动生产率进行了分析，发现租赁土地后的管理技能和效率均有提升，相比之下，家庭农场劳动力投入则使得生产率降低了约4%。因此，若想提高我国农业劳动生产率，进一步加强国内农产品比较优势，应该促进和鼓励我国农村土地所有制的改革和土地管理制度的形成，在集体所有制下，建立更加明确、安全的土地使用权。通过土地租赁活动的参与激励农民扩大农场规模和生产中的土地劳动力比率，从而提高经营者家庭的生产率并最终转化为更高的效率和农业回报。政府还应制定政策和激励措施，以鼓励农民参加培训和推广计划以及教育机会，提高耕作技能，丰富耕作知识，优化农业生产能力。除此以外，由于中国农村的劳动力和农业社会服务市场不完善，应建立有效的农业社会服务体系，训练有素的劳动力市场，获得机械化服务和技术服务，减少农业生产中农民的"自我剥削"。在农业生产技术方面，鼓励民间资本投资农业，从而提高中国农业生产的质量和效率。

　　介于我国相对低的劳动力成本，我国大部分优势农产品都属于劳动力密集型农产品，总体而言，我国农产品的竞争优势有下降的趋势。造成我国比较优势下降的原因可能包括：农产品质量不合格；多数农业企业、农户在技术创新方面能力相对

---

　　①Lagakos D ， Waugh M E . Selection, Agriculture and Cross-Country Productivity Differences[J]. Ssrn Electronic Journal，2011.

　　②Zhang J ， Mishra A K ， Zhu P ， et al. Land rental market and agricultural labor productivity in rural China： A mediation analysis[J]. World Development，2020，135：105089.

薄弱；中间商没有有效连接生产商和市场，促进农业生产的潜力，迎合市场的需求。其中非常重要的，我国政府应将农业生物技术视为帮助中国改善国家粮食安全，提高农业生产率和农民收入，促进可持续发展并提高其在国际农业市场上的竞争地位的工具[1]。王静[2]在对我国农产品比较优势的动态变化分析中表明农业科技创新水平显著促进和提高了我国农产品的单产水平和劳动率，有助于提升我国农产品的比较优势。但是基于我国与发达国家在加工能力等生产技术水平上的能力明显较弱，现有的科技水平远不能支持我国的发展。其研究表明农业科技创新水平的落后，是制约我国农产品动态比较优势赶超发达国家的重要因素。政府需要制定与国内和国际市场相对应的政策，利用农业科技创新，把握国际市场机遇，扩大农产品国际市场，增强我国农产品的国际竞争力。学校教育同样对国内农村发展具有重要贡献，Yang等[3]在来自四川省的专家小组数据帮助下表明，鉴于有证据表明学校教育提高了农民将劳动力和资本投入非农生产的能力。在过渡期间，非农活动的扩大极大地促进了家庭收入的增长。

　　同时农业政策改革也是提高我国农产品比较优势的重要来源。在过去30年经济的高速增长中，我国经历了快速的结构转型。1991年至2018年间，农业就业人数占总就业人数的比例从

　　[1]State Science and Technology Commission. Development Policy of Biotechnology[M]. The Press of Science and Technology，Beijing，1990.

　　[2]王静. 中国农产品比较优势变化及其影响因素研究[D].武汉：华中农业大学，2014.

　　[3]Dennis Tao Yang. Education and allocative efficiency： household income growth during rural reforms in China[J].Journal of Development Economics，2004（1）：137–162.

44%下降至28%[1]，吸引就业人数转移的因素可能包括更有效的私营工业企业的崛起以及贸易的自由化，这使得我国能够更好地发挥在劳动密集型产业中的比较优势。虽然农业就业人数减少，农业生产力却在政策改革的帮助下增长，并帮助我国实现了自给自足的目标（尤其是针对谷物方面）。Cao考察了农业生产力作为我国改革后经济增长和企业（部门）重新分配的决定因素的作用，使用农场的微观经济数据，将劳动力作为高度差异化的投入，发现农业中的劳动力投入每年下降5%，而农业全要素生产率则增长6.5%[2]。多项研究探讨了改革政策对我国生产率增长的影响：McMillan等[3]研究了家庭联产承包责任制对农业生产的影响；Stavis[4]研究了第一个改革时期的市场改革和农业生产率的变化。在1980—1984年间，全要素生产率的年增长率为3.7 %，在1985—1989年间下降至每年2.2 %；Lin[5]在研究中发现，1978—1984年期间的生产率增长解释了约50%的产出增长。他还发现，生产率变化的96%归因于家庭责任制的制度变化。除此以外，2007年我国农业部还发布了《全国优势农产品区域布局规划（2008—2015）》，提出了将会重点发展培育的包括小麦、大豆在内的16个优势品种，并在全国划定了58个优势区。2012

---

①Xiaoxue Zhao, Land and labor allocation under communal tenure： Theory and evidence from China [J], Journal of Development Economics，2020（147）：102–526.

②Cao K H , Birchenall J A . Agricultural productivity，structural change，and economic growth in post–reform China[J]. Journal of Development Economics，2013，104（3）：165–180.

③McMillan，J，Whalley，J，Zhu，L，The impact of China's economic reforms on agricultural productivity growth[J]. Political Economy，1989（97）：781–807.

④Stavis，B.，Market reform and changes in crop productivity： insights from China. Pacific Affairs，1991（64）：371–383.

⑤Lin，J.Y.，Rural reforms and agricultural growth in China[J]. American Economic Review，1992（82）：34–51.

年发布了《特色农产品区域布局规划（2013—2020）》，对《全国优势农产品区域布局规划》做出了重要补充。重点发展的特色农产品增加到10类144种，结合《全国主体功能区域规划》中"七区二十三带"农业战略格局要求，规划了一批特色农产品的优势区，并细化到县[①]。经实践表明，优势农产品区域布局规划的实施优化了全国农业的生产力布局，促进了农业结构战略性调整向纵向深发展[②]。农业基础设施建设加强，农业科技成果应用开发加快，重大农业项目支持加大，重点特色农产品优势区基本形成。专业化生产水平进一步提高，建成了一批现代农业产业基地强县。特色农产品的品种、品质结构进一步优化，优势产业带（区）规模化、专业化、市场化水平显著提升，对周边地区的辐射和带动能力明显增强。

为了迎接接下来的发展机遇，我国农业有必要适应比较优势和竞争优势的变化趋势，并发展与"一带一路"国家的产业合作。将管理加工和贸易更好地结合起来，形成产业链，减少材料的运输成本，使农产品的供应更接近需求。

3.3 四川省农产品比较优势研究现状

四川是我国的重要粮产区，更是我国西南地区和西北地区仅有的重要粮产区。四川省农业品种资源丰富，总量较大，农业总产值和总产量在全国有着突出地位。据统计，2018年四川省"三品一标"农产品共5 357个（包含绿色食品1 385个），位居全国

---

① 宋修伟.我国确定144种特色农产品优势区[J].农村·农业·农民，2014（4）：4-5.

② 佚名.农业部发布全国优势农产品区域布局规划[J].广东农村实用技术，2008（10）：4.

前列，西部第一；地理位置农产品166个，居全国第二；据不完全统计，四川有25种农产品产量在全国位居第一。然而从国内已有的相关文献看，大部分农产品比较优势的研究还是倾向于对中部、东部和北部地区的研究，而关于四川省农产品比较优势的研究较少，其内容主要围绕四川农产品的国际竞争力、出口竞争力和本身的效益分析等方面。2007年陈昌洪[1]用翔实的数据分析了四川省农产品进出口的特点，选用生产成本和贸易竞争力指数法实证分析了四川出口农产品的比较优势与竞争优势。2013年曾洁[2]根据四川省农产品国际贸易发展情况，就如何推动四川农产品"走出去"作一个简要的探索。2014年唐江云[3]等人运用综合比较优势指数法，对2009—2011年四川省主要农产品规模、效率、综合比较优势指数进行分析，同时分析四川省优势农产品内部、外部比较优势，探讨近年来四川省主要优势农产品的现状、发展趋势及在全国的竞争优势。2003年初《优势农产品区域布局规划》发布，确认专用玉米、薯类、茶叶、"双低"油菜等均为四川省的优势农产品，就在近期，四川省还公布了包括凉山彝族自治州大凉山桑蚕茧产区在内的50个省级特色农产品优势区。目前四川省优势农作物只有小麦有相对较为完整的比较优势分析，其他的优势农产品相关内容均有待探索和完善。综上所述，虽然没有丰富的文献研究，但四川省因其充足的劳动力、适宜的气候和丰富的土地资源有着较强的竞争优势这一点是普遍承认的。然而四川省农产品发展仍存在区域布局不尽合理、部分优势

---

①陈昌洪.提高四川省农产品出口竞争力研究[J].商场现代化,2007（1）：37–38.

②曾洁.四川省农产品国际贸易概况及发展建议[J].四川农业与农机,2013（6）：12–14.

③唐江云，雷波，曹艳，等.四川省主要农产品比较优势分析[J].南方农业学报，2014，45（8）：1507–1513.

品种区域主导地位不突出、上下游各产业之间相互衔接不够紧密、产业化和组织化水平不高、产业化进程慢等问题，严重削弱了四川省农产品比较优势和竞争优势。

关于如何加强四川省农产品比较优势，可以向国内外积极汲取经验，结合四川省实际情况采取行动。目前对于提高四川省农产品比较优势的建议和策略主要围绕着：

1.加大对优势农产品配套生产技术的推广和应用，加大农业科技投入，提升农产品竞争力[1]，目前四川省已有科技成果转化成现实生产力的动力不足。应依靠科学技术和创新驱动做大做强四川省优势农产品，将资源优势转化为经济优势，提升优势农产品国内外市场竞争力。支持农产品的良种繁育、加大优质品种的引进推广力度，努力提升优势农产品的品质和产量，倾力打造精品优势农产品[2]。

2.细化区域农产品布局，延长农产品产业链，创造竞争优势[3]。四川省科技要素过多集中于产业链前期部门，中间和后期部门的科技支撑不足[4]。应合理利用四川省的生产要素，因地制宜调整种植结构，充分发挥现有土地资源的最大作用。努力提升四川省优势特色产业地位，减小与其他地区存在的差距。延长农产品产业链，将农产品加工水平由初加工转换到深加工水平。

3.提出有针对性的优势农产品扶持政策，确定用于优势农

①杨祥禄,刘文龙.加大资金投入 培育优势农产品[J].中国农业会计，2004（1）：34-35.

②唐江云，雷波，曹艳，等.四川省主要农产品比较优势分析[J].南方农业学报，2014，45（8）：1507-1513.

③唐江云，曹艳，李洁，等.四川省主要农产品比较效益分析与提高比较效益的途径探讨[J].云南农业科技，2015（4）：9-11.

④郭红，邹弈星.四川省优势农产品科技创新产业链竞争力分析及对策建议[J].决策咨询通讯，2009（6）：21-24.

产品和优势产区的专项资金[①]。如建立"土地搁荒停发补贴"和"奖励种植大户"的双边考核，建立健全农业社会化服务体系、争取对优势农产品生产、加工、储藏、运输、销售等各个环节的税收进行优惠等。除此以外，树立品牌意识、建设农业产业基地等方式，都有助于四川省发展其农产品比较优势。而进一步强化四川省农作物比较优势则需要对四川省主要农产品进行比较优势分析和比较效益分析。

---

①杨祥禄，刘文龙. 加大资金投入 培育优势农产品[J]. 中国农业会计，2004（1）：34-35.

第4章
四川省主要农产品的比较优势分析

4.1 四川农产品生产概况

四川地处西南内陆，辖区面积约48.5万平方千米，占全国的5.1%，居第五位，耕地面积401.05万公顷，占全国的4.7%，耕地复种指数达到248.9%，远远高于全国平均水平，常年农作物种植面积达966.67万～1000万公顷，其中粮食作物666.67万公顷，经济作物146.67万~166.67万公顷，其他作物153.33万~166.67万公顷。截至2012年，四川获得"三品一标"认证农产品数量位居全国前列、西部第一。"川字号"的优质特色农产品正由零星散状向带状、块状聚集发展，形成了一批特色鲜明的农产品生产区和产业带（四川省农业厅，2013）。

4.2 比较优势指数计算的原理方法及改进模式

4.2.1 比较优势指数测算的原理与方法

不同区域的农业资源不同，农业比较优势和竞争力也会不同，比较分析不同地区的农产品生产状况，有助于进一步确定各区域农产品的比较优势和竞争优势（马丽蓉等，2011）。大卫·李嘉图最早提出的比较优势理论主要用于国际贸易比较优势的研究，然而随着该理论的进一步发展，其衍生出来的农产品综合比较优势指数法可用不同区域不同作物品种之间的比较优势和竞争优势的测定分析。本研究采用成熟、可靠的农产品综合比较优势指数法，对四川省主要农产品在全国范围和四川省内部之间进行比较优势和竞争优势的测定研究，分析结果可靠性、准确，有一定的参考价值。比较优势指数包括综合优势、规模优势和效率优势指数。其中，规模优势指数从地区规模化、专业化程度反映农作物比较优势，效率优势指数从资源内涵生产力角度反映农作物比较优势，而综合优势指数是前两者的几何平均数。各指数计算方法如下（陈俊安，2009）：

规模优势指数计算模型为：

$$SCA_{ij} = \frac{GS_{ij}/GS_i}{GS_j/GS}$$

其中，SCA_{ij} 为 i 区 j 作物的规模优势指数，GS_{ij} 为 i 区 j 作物的播种面积，GS_i 为 i 区所有种植业总播种面积，GS_j 为 j 作物所有区域种植总面积，GS 为所有区域所有种植业播种总面积。当 $SCA_{ij} > 1$ 时，意味着 i 地区发展 j 作物具有规模优势，其值越大，规模优势程度越高；当 $SCA_{ij} < 1$ 时，意味着 i 地区发展 j 作物不具有规模优势。

效率优势指数计算模型为：

$$ECA_{ij} = \frac{AP_{ij}/AP_i}{AP_j/AP}$$

其中，ECA_{ij} 为 i 区 j 作物效率优势指数，AP_{ij} 为 i 区 j 作物单产，AP_i 为 i 区所有种植业作物平均单产，AP_j 为 j 作物所有区域平均单产，AP 为所有区域所有种植业作物平均单产。当 $ECA_{ij}>1$ 时，意味着 i 地区发展 j 作物具有效率优势，其值越大，效率优势程度越高；当 $ECA_{ij}<1$ 时，意味着 i 地区发展 j 作物不具有效率优势。

综合优势指数计算模型为：

$$CCA_{ij} = \sqrt{SCA_{ij} \times ECA_{ij}}$$

其中，CCA_{ij} 为 i 区 j 作物综合优势指数，综合优势指数是规模优势指数和效率优势指数的几何平均值。当 $CCA_{ij}>1$ 时，意味着 i 地区发展 j 作物具有综合优势，i 地区的 j 农产品供给能力能够满足本地区需求而有余，并且可以对区外提供该种产品，CCA_{ij} 的值越大，综合优势程度越高。当 $CCA_{ij}<1$ 时，意味着 i 地区发展 j 作物不具有综合优势，i 地区的 j 农产品供给能力不能满足本地区的需求，需要从区外调入。当 $CCA_{ij}=1$ 时，说明 i 地区发展 j 作物的比较优劣势不明显，i 地区的 j 农产品供给能力与本区需求相当，无须与区外进行交易。

4.2.2 数据来源与说明

基于"三原则"：一是所选的四川农产品是在与全国各省市农产品比较分析中选择的综合优势指数高于全国水平，且具有相对优势的农产品；二是所选农产品在四川具有一定的种植规模，且产量在四川农业市场中占有一定份额；三是农产品种植面积、产量等数据来源要基于现有的统计资料，从而确保选用数据的口径一致、数据真实可靠，具有可比性。本课题以 13 种农产品为研究对象，对其中具有较强比较优势的 5 种农产品进行重点分析。数据来源于正式出版物 2009—2011 年的《四川统计年鉴》《全国农产品成本收益资料汇编》《四川省农业统计年鉴（2009—2011）》《中国统计年鉴》。由于 2008 年汶川发生大地震，2012

年的部分数据不够齐全，为避免影响计算结果，本研究中选取2009—2011年的数据。

4.3　四川省优势农产品分析

4.3.1　水稻优势分析

2009—2014年，四川水稻的规模优势值、效率优势值和综合优势值均大于1，与全国比较均处于优势地位，因此，四川的水稻具有优势。规模优势平均值1.129 8，效率优势平均值1.466 4，综合优势平均值1.287 0。

表4-1　2009—2014年四川省水稻与全国水稻优势比较

		2009年	2010年	2011年	2012年	2013年	2014年	平均值
规模优势	四川	1.145 4	1.137 4	1.133 3	1.121 8	1.116 7	1.124 5	1.129 8
	全国	0.873 1	0.879 2	0.882 3	0.891 5	0.895 5	0.889 3	0.885 1
效率优势	四川	1.425 5	1.437 2	1.445 5	1.491 2	1.524 9	1.474 2	1.466 4
	全国	0.701 5	0.695 8	0.691 8	0.670 6	0.655 8	0.678 3	0.682 3
综合优势	四川	1.277 8	1.278 6	1.279 9	1.293 3	1.304 9	1.287 5	1.287 0
	全国	0.782 6	0.782 1	0.781 3	0.773 2	0.766 3	0.776 7	0.777 0

4.3.2　小麦优势分析

2009—2014年，四川小麦的规模优势值、效率优势值和综合优势值均小于1，与全国比较均处于劣势地位，因此，四川的小麦不具有优势。规模优势平均值0.685，效率优势平均值0.902 0，综合优势平均值0.883 6。

表4-2　2009—2014年四川省小麦与全国小麦优势比较

		2009年	2010年	2011年	2012年	2013年	2014年	平均值
规模优势	四川	0.880 4	0.884 5	0.880 3	0.860 5	0.857 3	0.832 3	0.865 9
	全国	1.135 8	1.130 6	1.136 0	1.162 1	1.166 5	1.201 5	1.155 4
效率优势	四川	0.875 2	0.888 5	0.909 7	0.933 2	0.901 8	0.903 5	0.902 0
	全国	1.142 6	1.125 5	1.099 2	1.071 5	1.108 8	1.106 8	1.109 1
综合优势	四川	0.877 8	0.886 5	0.894 9	0.896 1	0.879 3	0.867 2	0.883 6
	全国	1.139 2	1.128 0	1.117 5	1.115 9	1.137 3	1.153 2	1.131 8

4.3.3 玉米优势分析

2009—2014年，四川玉米的规模优势值小于1，在规模方面不具优势，而其效率优势值大于1，在具有效率优势，从综合效率值来看，其值小于1，与全国比较均处于劣势地位，因此，四川的玉米不具有优势。规模优势平均值0.676 1，效率优势平均值1.166 5，综合优势平均值0.887 5。

表4-3　2009—2014年四川省玉米与全国玉米优势比较

		2009年	2010年	2011年	2012年	2013年	2014年	平均值
规模优势	四川	0.716 4	0.706 9	0.689 5	0.662 3	0.645 1	0.636 7	0.676 1
	全国	1.395 9	1.414 6	1.450 4	1.509 8	1.550 1	1.570 7	1.481 9
效率优势	四川	1.147 1	1.130 0	1.138 2	1.145 3	1.210 3	1.228 2	1.166 5
	全国	0.871 8	0.885 0	0.878 6	0.873 2	0.826 3	0.814 2	0.858 2
综合优势	四川	0.906 5	0.893 8	0.885 9	0.871 0	0.883 6	0.884 3	0.887 5
	全国	1.103 2	1.118 9	1.128 8	1.148 2	1.131 7	1.130 9	1.126 9

4.3.4　薯类优势分析

2009—2014年，四川薯类的规模优势值、效率优势值和综合优势值均大于1，与全国比较均处于优势地位，因此，四川的薯类具有优势。规模优势平均值2.333 4，效率优势平均值1.365 2，综合优势平均值1.784 4。

表4-4　2009—2014年四川省薯类与全国薯类优势比较

		2009年	2010年	2011年	2012年	2013年	2014年	平均值
规模优势	四川	2.298 6	2.296 7	2.309 4	2.325 7	2.352 8	2.417 0	2.333 4
	全国	0.435 0	0.435 4	0.433 0	0.430 0	0.425 0	0.413 7	0.428 7
效率优势	四川	1.406 3	1.384 0	1.260 1	1.395 2	1.370 2	1.375 2	1.365 2
	全国	0.711 1	0.722 6	0.793 6	0.716 7	0.729 8	0.727 2	0.733 5
综合优势	四川	1.797 9	1.782 8	1.705 9	1.801 4	1.795 5	1.823 1	1.784 4
	全国	0.556 2	0.560 9	0.586 2	0.555 1	0.556 9	0.548 5	0.560 6

4.3.5　油菜优势分析

2009—2014年，四川油菜的规模优势值、效率优势值和综合优势值均大于1，与全国比较均处于优势地位，因此，四川的油菜具有优势。规模优势平均值2.223 3，效率优势平均值1.525 7，综合优势平均值1.841 7。

表4-5　2009—2014年四川省油菜与全国油菜优势比较

		2009年	2010年	2011年	2012年	2013年	2014年	平均值
规模优势	四川	2.154 3	2.178 7	2.226 5	2.234 5	2.253 1	2.292 7	2.223 3
	全国	0.464 2	0.459 0	0.449 1	0.447 5	0.443 8	0.436 2	0.450 0

续表

		2009年	2010年	2011年	2012年	2013年	2014年	平均值
效率优势	四川	1.423 8	1.523 8	1.546 4	1.578 1	1.538 8	1.543 7	1.525 7
	全国	0.702 3	0.656 3	0.646 7	0.633 7	0.649 8	0.647 8	0.656 1
综合优势	四川	1.751 4	1.822 0	1.855 5	1.877 8	1.862 0	1.881 3	1.841 7
	全国	0.571 0	0.548 8	0.538 9	0.532 5	0.537 0	0.531 6	0.543 3

4.3.6　棉花优势分析

2009—2014年，四川棉花的规模优势值、效率优势值和综合优势值小于1，与全国比较均处于劣势地位，因此，四川的棉花不具有优势。规模优势平均值0.054 2，效率优势平均值0.865 4，综合优势平均值0.216 6。

表4-6　2009—2014年四川省棉花与全国棉花优势比较

		2009年	2010年	2011年	2012年	2013年	2014年	平均值
规模优势	四川	0.054 8	0.056 5	0.053 8	0.052 7	0.054 2	0.053 3	0.054 2
	全国	18.261 8	17.711 6	18.570 7	18.983 4	18.456 0	18.757 2	18.456 8
效率优势	四川	0.891 8	0.889 8	0.887 3	0.822 3	0.855 6	0.845 8	0.865 4
	全国	1.121 4	1.123 9	1.127 0	1.216 1	1.168 8	1.182 4	1.156 6
综合优势	四川	0.221 0	0.224 1	0.218 6	0.208 1	0.215 3	0.212 3	0.216 6
	全国	4.525 3	4.461 6	4.574 9	4.804 8	4.644 6	4.709 4	4.620 1

4.3.7　豆类优势分析

2009—2014年，四川豆类的规模优势值小于1，在规模方面不具优势，而其效率优势值大于1，在具有效率优势，从综合效率值来看，其值大于1，与全国比较均处于优势地位，因此，四川的豆类具有优势地位。规模优势平均值0.763 6，效率优势平均值1.563 0，综合优势平均值1.086 5。

表4-7　2009—2014年四川省豆类与全国豆类优势比较

		2009年	2010年	2011年	2012年	2013年	2014年	平均值
规模优势	四川	0.622 3	0.653 8	0.702 6	0.831 7	0.868 8	0.902 7	0.763 6
	全国	1.606 9	1.529 5	1.423 3	1.202 4	1.151 0	1.107 8	1.336 8
效率优势	四川	1.749 6	1.677 8	1.547 1	1.446 4	1.486 9	1.470 3	1.563 0
	全国	0.571 5	0.596 0	0.646 4	0.691 4	0.672 6	0.680 1	0.643 0
综合优势	四川	1.043 5	1.047 4	1.042 6	1.096 8	1.136 6	1.152 1	1.086 5
	全国	0.958 3	0.954 8	0.959 2	0.911 8	0.879 8	0.868 0	0.922 0

4.3.8　花生优势分析

2009—2014年，四川花生的规模优势值、效率优势值和综合优势值小于1，与全国比较均处于劣势地位，因此，四川的花生不具有优势。规模优势平均值0.964 7，效率优势平均值0.892 3，综合优势平均值0.927 7。

表4-8　2009—2014年四川省花生与全国花生优势比较

		2009年	2010年	2011年	2012年	2013年	2014年	平均值
规模优势	四川	0.980 1	0.970 8	0.957 6	0.955 7	0.953 7	0.970 4	0.964 7
	全国	1.020 3	1.030 0	1.044 3	1.046 4	1.048 6	1.030 5	1.036 7
效率优势	四川	0.873 6	0.857 5	0.880 5	0.903 7	0.903 9	0.934 5	0.892 3
	全国	1.144 7	1.166 2	1.135 7	1.106 6	1.106 3	1.070 1	1.121 6

续表

		2009年	2010年	2011年	2012年	2013年	2014年	平均值
综合优势	四川	0.925 3	0.912 4	0.918 2	0.929 3	0.928 5	0.952 3	0.927 7
	全国	1.080 7	1.096 0	1.089 0	1.076 1	1.077 1	1.050 1	1.078 2

4.3.9 茶叶优势分析

2009—2014年，四川茶叶的规模优势值、效率优势值和综合优势值均大于1，与全国比较均处于优势地位，因此，四川的茶叶具有优势。规模优势平均值1.920 4，效率优势平均值1.298 2，综合优势平均值1.578 6。

表4-9 2009—2014年四川省茶叶与全国茶叶优势比较

		2009年	2010年	2011年	2012年	2013年	2014年	平均值
规模优势	四川	1.808 9	1.883 4	1.921 0	1.978 4	1.956 2	1.974 4	1.920 4
	全国	0.552 8	0.531 0	0.520 6	0.505 5	0.511v2	0.506 5	0.521 2
效率优势	四川	1.318 7	1.289 6	1.287 7	1.320 3	1.304 8	1.268 1	1.298 2
	全国	0.758 3	0.775 5	0.776 6	0.757 4	0.766 4	0.788 6	0.770 5
综合优势	四川	1.544 5	1.558 4	1.572 8	1.616 2	1.597 7	1.582 3	1.578 6
	全国	0.647 5	0.641 7	0.635 8	0.618 7	0.625 9	0.632 0	0.633 6

4.3.10 水果优势分析

2009—2014年，四川水果的规模优势值、效率优势值和综合优势值小于1，与全国比较均处于劣势地位，因此，四川的水果不具有优势。规模优势平均值0.826 8，效率优势平均值0.892 3，综合优势平均值0.858 8。

表4-10　2009—2014年四川省水果与全国水果优势比较

		2009年	2010年	2011年	2012年	2013年	2014年	平均值
规模优势	四川	0.807 1	0.811 0	0.833 1	0.847 8	0.843 1	0.818 5	0.826 8
	全国	1.239 0	1.233 1	1.200 4	1.179 5	1.186 0	1.221 8	1.210 0
效率优势	四川	0.877 7	0.881 5	0.882 9	0.895 9	0.888 5	0.927 1	0.892 3
	全国	1.139 3	1.134 4	1.132 6	1.116 2	1.125 5	1.078 6	1.121 1
综合优势	四川	0.841 7	0.845 5	0.857 6	0.871 5	0.865 5	0.871 1	0.858 8
	全国	1.188 1	1.182 7	1.166 0	1.147 4	1.155 4	1.148 0	1.164 6

4.3.11　烤烟优势分析

2009—2014年，四川烤烟的规模优势值、效率优势值和综合优势值均大于1，与全国比较均处于优势地位，因此，四川的烤烟具有优势。规模优势平均值1.205 4，效率优势平均值1.264 0，综合优势平均值1.232 3。

表4-11　2009—2014年四川省烤烟与全国烤烟优势比较

		2009年	2010年	2011年	2012年	2013年	2014年	平均值
规模优势	四川	1.352 9	1.215 3	1.235 2	1.188 7	1.147 8	1.092 3	1.205 4
	全国	0.739 1	0.822 8	0.809 6	0.841 3	0.871 2	0.915 5	0.833 3
效率优势	四川	1.158 2	1.238 2	1.219 1	1.359 0	1.273 1	1.336 3	1.264 0
	全国	0.863 4	0.807 7	0.820 3	0.735 8	0.785 5	0.748 3	0.793 5
综合优势	四川	1.251 8	1.226 7	1.227 1	1.271 0	1.208 8	1.208 1	1.232 3
	全国	0.798 9	0.815 2	0.814 9	0.786 8	0.827 3	0.827 7	0.811 8

通过与全国比较分析，四川省优势农产品主要有：水稻、薯

类、油菜、豆类、茶叶和烤烟，豆类的规模不具优势，而极大的
效率优势，致使其综合优势大于1，其他的优势农产品均是规模
优势、效率优势和综合优势均大于1。从平均规模优势来看，薯
类的指数值最大，其次是油菜，豆类规模指数最低；效率优势指
数最高值是豆类，其次是油菜，指数值最低的是茶叶；综合优势
指数最高的是油菜，其次是薯类，指数值最小的是豆类。

表4-12　2009—2014年四川优势农产品优势指数汇总

	品种	2009年	2010年	2011年	2012年	2013年	2014年	平均值
规模优势	水稻	1.145 4	1.137 4	1.133 3	1.121 8	1.116 7	1.124 5	1.129 8
	薯类	2.298 6	2.296 7	2.309 4	2.325 7	2.352 8	2.417 0	2.333 4
	油菜	2.154 3	2.178 7	2.226 5	2.234 5	2.253 1	2.292 7	2.223 3
	豆类	0.622 3	0.653 8	0.702 6	0.831 7	0.868 8	0.902 7	0.763 6
	茶叶	1.808 9	1.883 4	1.921 0	1.978 4	1.956 2	1.974 4	1.920 4
	烤烟	1.352 9	1.215 3	1.235 2	1.188 7	1.147 8	1.092 3	1.205 4
效率优势	水稻	1.425 5	1.437 2	1.445 5	1.491 2	1.524 9	1.474 2	1.466 4
	薯类	1.406 3	1.384 0	1.260 1	1.395 2	1.370 2	1.375 2	1.365 2
	油菜	1.423 8	1.523 8	1.546 4	1.578 1	1.538 8	1.543 7	1.525 7
	豆类	1.749 6	1.677 8	1.547 1	1.446 4	1.486 9	1.470 3	1.563 0
	茶叶	1.318 7	1.289 6	1.287 7	1.320 3	1.304 8	1.268 1	1.298 2
	烤烟	1.158 2	1.238 2	1.219 1	1.359 0	1.273 1	1.336 3	1.264 0
综合优势	水稻	1.277 8	1.278 6	1.279 9	1.293 3	1.304 9	1.287 5	1.287 0
	薯类	1.797 9	1.782 8	1.705 9	1.801 4	1.795 5	1.823 1	1.784 4
	油菜	1.751 4	1.822 0	1.855 5	1.877 8	1.862 0	1.881 3	1.841 7

续表

品种	2009年	2010年	2011年	2012年	2013年	2014年	平均值
豆类	1.043 5	1.047 4	1.042 6	1.096 8	1.136 6	1.152 1	1.086 5
茶叶	1.544 5	1.558 4	1.572 8	1.616 2	1.597 7	1.582 3	1.578 6
烤烟	1.251 8	1.226 7	1.227 1	1.271 0	1.208 8	1.208 1	1.232 3

4.4　四川省优势农产品与全国其他省份农产品优势比较分析

4.4.1　全国其他地区优势分析

从表4-13至表4-18可以看出，全国水稻除四川外，黑龙江、上海、江苏、浙江、安徽、福建、江西、湖北、湖南、广东、重庆和贵州也是优势水稻生产区；油菜方面，江苏、浙江、安徽、江西、湖北、湖南、重庆、贵州、西藏、甘肃和青海也是优势油菜生产地；薯类方面，内蒙古、福建、广东、重庆、贵州、云南、甘肃、青海、宁夏也是薯类优势生产地；豆类方面，内蒙古、吉林、黑龙江、江苏、浙江、安徽、重庆、贵州、云南、西藏、甘肃和青海也是豆类优势产区；茶叶方面，浙江、安徽、福建、湖北、湖南、重庆、贵州、云南也是优势茶叶产区；烤烟方面，福建、河南、湖南、重庆、贵州、云南也是优势烤烟生产区。

表4-13　2009—2014年全国其他地区水稻综合优势指数

	2009年	2010年	2011年	2012年	2013年	2014年	平均值
北　京	0.067 018	0.062 1	0.054 4	0.053 1	0.057 6	0.063 3	0.059 6

续表

	2009年	2010年	2011年	2012年	2013年	2014年	平均值
天 津	0.474 304	0.483 0	0.471 8	0.494 9	0.530 3	0.503 9	0.493 0
河 北	0.236 995	0.230 1	0.237 5	0.2155	0.233 4	0.220 7	0.229 0
山 西	0.040 137	0.036 7	0.035 9	0.0384	0.040 6	0.038 5	0.038 4
内蒙古	0.351 495	0.359 8	0.354 9	0.3408	0.289 4	0.279 4	0.329 3
辽 宁	1.004 434	0.909 8	0.903 9	0.9006	0.887 8	0.920 7	0.921 2
吉 林	0.916 324	0.923 67	0.928 183	0.847615	0.860 055	0.879 544	0.892 6
黑龙江	1.234 473	1.257 482	1.270 907	1.303 332	1.326 884	1.319 527	1.285 4
上 海	1.339 654	1.374 748	1.417 651	1.441351	1.520 746	1.459 365	1.425 6
江 苏	1.415 651	1.430 609	1.454 339	1.470619	1.488 216	1.464 264	1.453 9
浙 江	1.364 829	1.378 14	1.385 139	1.369062	1.369 787	1.373 616	1.373 4
安 徽	1.253 958	1.249 551	1.251 414	1.243036	1.245 801	1.231 025	1.245 8
福 建	1.283 333	1.293 969	1.291 077	1.290561	1.286 296	1.259 063	1.284 0
江 西	1.810 434	1.833 23	1.822 1	1.850552	1.857 462	1.857 761	1.838 6
山 东	0.262 822	0.257 811	0.255 047	0.25517	0.257 251	0.251 062	0.256 5
河 南	0.501 845	0.512 19	0.516 07	0.525654	0.524 739	0.546 345	0.521 1
湖 北	1.456 576	1.445 989	1.457 943	1.473368	1.486 7	1.482 068	1.467 1
湖 南	1.739 406	1.726 394	1.728 071	1.749432	1.770 699	1.769 548	1.747 3
广 东	1.129 195	1.124 562	1.125 369	1.130009	1.090 778	1.104 026	1.117 3
广 西	0.725 446	0.738 599	0.722 772	0.726223	0.726 846	0.728 944	0.728 1
海 南	0.810 292	0.829 443	0.841 047	0.855643	0.840 157	0.873 133	0.841 6

续表

	2009年	2010年	2011年	2012年	2013年	2014年	平均值
重　庆	1.290 513	1.293 014	1.276 122	1.279457	1.287 57	1.274 701	1.283 6
贵　州	1.191 454	1.229 207	1.120 556	1.157 337	1.107 751	1.114 613	1.153 5
云　南	0.874 127	0.871 141	0.871 941	0.835 088	0.841722	0.836 305	0.855 1
西　藏	0.156 907	0.167 563	0.168 926	0.161 554	0.164343	0.150 266	0.161 6
陕　西	0.384 848	0.375 284	0.377 412	0.378 633	0.38931	0.384 254	0.381 6
甘　肃	0.111 215	0.112 193		0.104 472	0.102369	0.097 258	0.105 5
宁　夏	0.731 613	0.738 272	0.745 112	0.741 007	0.732504	0.677 431	0.727 7
新　疆	0.275 29	0.304 559	0.305 291	0.290 461	0.291314	0.319 937	0.297 8

表4-14　2009—2014年全国其他地区油菜综合优势指数

	2009年	2010年	2011年	2012年	2013年	2014年	平均值
河　北	0.204 548	0.205 544	0.205 885	0.200 835	0.215 268	0.200 775	0.205 5
山　西	0.178 712	0.167 151	0.150 8	0.153 403	0.157 709	0.138 723	0.157 7
内蒙古	0.780 77	0.761 679	0.762 666	0.841 926	0.843 093	0.908 66	0.816 5
辽　宁	0.047 676	0.038 443	0.042 845	0.046 714	0.051 709	0.069 798	0.049 5
黑龙江	0.063 595	0.048 672	0.039 24	0.034 708	0.024 396	0.026 1	0.039 5
上　海	0.938 164	0.798 622	0.744 772	0.716 84	0.693 118	0.608 929	0.750 1
江　苏	1.390 129	1.380 176	1.337 083	1.345 77	1.355 663	1.313 484	1.353 7
浙　江	1.215 632	1.207 627	1.219 267	1.200 661	1.200 945	1.075 867	1.186 7
安　徽	1.587 876	1.502 849	1.440 599	1.473 623	1.444 483	1.393 102	1.473 8
福　建	0.258 12	0.267 636	0.277 831	0.284 41	0.287 36	0.285 151	0.276 8

续表

	2009年	2010年	2011年	2012年	2013年	2014年	平均值
江　西	1.223 81	1.314 443	1.303 463	1.318 093	1.306 729	1.312 878	1.296 6
山　东	0.164 576	0.157 752	0.143 216	0.138 284	0.147 58	0.146 175	0.149 6
河　南	0.861 665	0.860 454	0.806 056	0.846 509	0.846 655	0.825 809	0.841 2
湖　北	2.122 019	2.161 29	2.082 698	2.099 766	2.156 391	2.136 77	2.126 5
湖　南	1.603 381	1.722 039	1.777 3	1.740 125	1.831 561	1.835 14	1.751 6
广　东	0.116 427	0.119 498	0.117 153	0.115 536	0.112 298	0.111 234	0.115 4
广　西	0.093 764	0.103 439	0.107 72	0.116 246	0.110 622	0.126 206	0.109 7
重　庆	1.200 099	1.284 878	1.317 596	1.344 401	1.364 252	1.408 781	1.320 0
贵　州	1.774 929	1.618 306	2.107 507	1.947 785	1.977 734	1.932 309	1.893 1
云　南	0.842 924	0.691 772	0.939 432	0.918 645	0.870 175	0.897 953	0.860 2
西　藏	1.976 011	2.039 359	2.122 619	2.107 866	2.093 375	2.064 009	2.067 2
陕　西	0.955 91	0.984 742	0.983 945	0.977 645	0.964 829	0.971 64	0.973 1
甘　肃	1.224 778	1.233 914	1.213 973	1.175 141	1.133 376	1.135 772	1.186 2
青　海	4.088 639	4.122 12	4.088 567	4.214 549	4.076 454	3.982 956	4.095 5
宁　夏			0.102 821	0.178 546	0.140 468	0.153 254	0.143 8
新　疆	0.593 446	0.596 912	0.590 999	0.481 674	0.474 839	0.440 017	0.529 6

表4-15　2009—2014年全国其他地区薯类综合优势指数

	2009年	2010年	2011年	2012年	2013年	2014年	平均值
北　京	0.449 822	0.416 195	0.394 165	0.405 711	0.347 372	0.36 494	0.396 4
天　津	0.242 095	0.245 439	0.267 21	0.263 271	0.199 819	0.260 703	0.246 4

续表

	2009年	2010年	2011年	2012年	2013年	2014年	平均值
河　北	0.683 709	0.776 04	0.775 846	0.802 546	0.798 174	0.748 119	0.764 1
山　西	0.719 379	0.691 199	0.691 82	0.696 652	0.736 512	0.760 024	0.715 9
内蒙古	1.415 209	1.364 011	1.423 397	1.347 754	1.356 199	1.220 669	1.354 5
辽　宁	0.735 89	0.763 752	0.803 561	0.702 411	0.629 128	0.788 15	0.737 1
吉　林	0.540 735	0.843 912	0.680 048	0.758 537	0.623 724	0.678 773	0.687 6
黑龙江	0.765 068	0.824 819	0.804 804	0.806 479	0.723 666	0.716 082	0.773 5
上　海	0.197 382	0.357 181	0.341 533	0.333 647	0.342 46	0.351 888	0.320 7
江　苏	0.555 265	0.529 968	0.518 546	0.526 74	0.516 025	0.485 069	0.521 9
浙　江	0.872 604	0.871 904	0.907 552	1.027 147	1.016 649	1.065 596	0.960 2
安　徽	0.583 35	0.580 007	0.567 627	0.558 475	0.516 576	0.474 325	0.546 7
福　建	1.554 423	1.559 533	1.543 752	1.531 186	1.550 859	1.570 725	1.551 7
江　西	0.816 65	0.805 346	0.791 046	0.817 359	0.830 388	0.859 534	0.820 1
山　东	0.865 115	0.862 388	0.850 196	0.851 935	0.862 867	0.864 261	0.859 5
河　南	0.703 651	0.691 491	0.692 859	0.653 164	0.623 472	0.616 378	0.663 5
湖　北	0.858 015	0.906 578	0.897 748	0.875 46	0.878 289	0.856 041	0.878 7
湖　南	0.934 202	0.939 261	0.919 758	0.948 956	0.974 111	0.959 35	0.945 9
广　东	1.119 865	1.103 043	1.079 072	1.084 676	1.074 757	1.068 367	1.088 3
广　西	0.436 858	0.414 482	0.448 059	0.430 833	0.451 658	0.457 306	0.439 9
海　南	0.965 536	0.978 128	0.952 399	0.935 41	0.876 704	0.931 842	0.940 0
重　庆	2.456 337	2.433 106	2.400 066	2.449 917	2.448 297	2.453 172	2.440 1

续表

	2009年	2010年	2011年	2012年	2013年	2014年	平均值
贵 州	2.064 203	1.926 462	2.464 071	2.206 473	2.338 865	2.351 269	2.225 2
云 南	1.160 533	1.158 791	1.117 73	1.108 147	1.160 539	1.119 088	1.137 5
西 藏	0.314 134	0.323 58	0.324 263	0.367 292	0.391 36	0.400 715	0.353 6
陕 西	0.917 291	0.922 037	0.911 853	0.916 594	0.940 321	0.950 489	0.926 4
甘 肃	1.988 386	1.888 26	2.043 237	2.036 34	2.028 421	1.983 547	1.994 7
青 海	2.839 708	2.781 05	2.781 227	2.666 738	2.848 546	2.852 257	2.794 9
宁 夏	1.452 441	1.442 36	1.464 642	1.419 772	1.447 655	1.390 757	1.436 3
新 疆	0.452 003	0.450 186	0.475 459	0.340 736	0.374 554	0.443 618	0.422 8

表4-16　2009—2014年全国其他地区豆类综合优势指数

	2009年	2010年	2011年	2012年	2013年	2014年	平均值
北 京	0.551 85	0.494 754	0.495 621	0.498 006	0.539 398	0.514 431	0.515 7
天 津	0.587 893	0.642 544	0.615 062	0.620 73	0.508 253	0.535 704	0.585 0
河 北	0.587 508	0.581 313	0.593 944	0.597 35	0.604 272	0.630 219	0.599 1
山 西	0.837 345	0.853 653	0.814 234	0.894 555	0.983 272	0.974 782	0.893 0
内蒙古	1.661 146	1.722 517	1.708 299	1.745 797	1.624 883	1.366 196	1.638 1
辽 宁	0.804 301	0.831 154	0.793 961	0.802 936	0.788 552	0.782 215	0.800 5
吉 林	1.195 179	1.322 433	1.213 916	0.915 342	0.992 587	0.963 041	1.100 4
黑龙江	2.459 781	2.308 126	2.183 257	2.104 374	2.012 384	2.148 129	2.202 7
上 海	0.617 161	0.504 813	0.603 637	0.646 63	0.622 527	0.639 204	0.605 7
江 苏	0.989 748	0.997 937	0.994 783	1.044 085	1.030 631	1.001 398	1.009 8

续表

	2009年	2010年	2011年	2012年	2013年	2014年	平均值
浙　江	0.938 384	0.959 219	0.992 055	1.154 336	1.181 155	1.206 588	1.072 0
安　徽	1.199 439	1.191 758	1.169 394	1.255 74	1.287 505	1.298 592	1.233 7
福　建	0.763 438	0.797 243	0.825 036	0.899 972	0.949 18	0.950 631	0.864 3
江　西	0.683 673	0.721 808	0.716 751	0.781 107	0.821 076	0.831 451	0.759 3
山　东	0.510 925	0.514 664	0.533 879	0.544 253	0.574 051	0.575 175	0.542 2
河　南	0.724 508	0.732 363	0.749 993	0.748 227	0.755 17	0.650 587	0.726 8
湖　北	0.773 8	0.783 062	0.739 909	0.706 902	0.730 444	0.766 58	0.750 1
湖　南	0.672 189	0.703 283	0.708 041	0.726 361	0.744 091	0.741 449	0.715 9
广　东	0.469 142	0.474 702	0.470 317	0.519 049	0.550 447	0.547 606	0.505 2
广　西	0.344 724	0.344 705	0.382 849	0.358 649	0.368 944	0.377 215	0.362 8
海　南	0.291 234	0.332 527	0.345 126	0.361 39	0.368 481	0.394 445	0.348 9
重　庆	1.145 116	1.181 14	1.229 496	1.321 863	1.391 344	1.382 701	1.275 3
贵　州	1.080 886	0.964 65	0.978 187	0.962 823	1.060 419	1.129 433	1.029 4
云　南	1.257 939	1.004 867	1.227 102	1.286 618	1.333 56	1.332 477	1.240 4
西　藏	1.078 362	1.074 405	1.084 968	1.140 417	1.168 912	1.161 402	1.118 1
陕　西	0.918 761	0.899 026	0.890 149	0.913 907	0.835 121	0.762 16	0.869 9
甘　肃	1.039 514	1.058 61	1.043 48	1.044 089	1.153 94	1.060 985	1.066 8
青　海	1.878 484	1.718 546	1.593 602	1.719 33	1.632 534	1.624 28	1.694 5
宁　夏	0.522 712	0.548 811	0.624 542	0.653 586	0.445 878	0.568 661	0.560 7
新　疆	0.714 789	0.678 029	0.686 346	0.647 829	0.618 399	0.608 245	0.658 9

表4-17　2009—2014年全国其他地区茶叶综合优势指数

	2009年	2010年	2011年	2012年	2013年	2014年	平均值
江　苏	0.500 946	0.472 519	0.452 6	0.446 824	0.411 075	0.401 545	0.447 6
浙　江	2.591 756	2.515 752	2.492 55	2.479 525	2.401 835	2.282 698	2.460 7
安　徽	1.147 946	1.116 848	1.106 644	1.098 537	1.103 09	1.091 179	1.110 7
福　建	3.491 715	3.453 428	3.447 047	3.479 798	3.478 456	3.419 52	3.461 7
江　西	0.806 82	0.845 829	0.830 72	0.874 419	0.886 172	0.889 568	0.855 6
山　东	0.312 806	0.314 485	0.287 986	0.309 444	0.326 11	0.329 41	0.313 4
河　南	0.533 693	0.561 91	0.586 235	0.573 477	0.578 94	0.583 167	0.569 6
湖　北	1.661 502	1.718 059	1.731 46	1.762 081	1.759 49	1.769 935	1.733 8
湖　南	1.288 374	1.362 868	1.380 792	1.340 224	1.375 199	1.376 774	1.354 0
广　东	0.943 211	0.918 555	0.923 38	0.903 378	0.916 658	0.901 855	0.917 8
广　西	0.491 453	0.502 834	0.514 776	0.510 023	0.510 491	0.513 612	0.507 2
海　南	0.264 649	0.284 392	0.273 696	0.253 313	0.226 334	0.222 536	0.254 2
重　庆	1.027 448	1.039 139	1.067 636	1.084 81	1.092 313	1.036 338	1.057 9
贵　州	1.372 603	1.533 479	1.728 199	1.680 548	1.792 387	1.803 556	1.651 8
云　南	1.776 275	1.840 335	1.831 845	1.831 492	1.840 239	1.863 112	1.830 5
陕　西	0.720 795	0.760 271	0.770 347	0.811 889	0.846 651	0.886 899	0.799 5
甘　肃	0.190 4	0.184 334	0.186 323	0.178 656	0.174 136	0.176 639	0.181 7

表4-18 2009—2014年全国其他地区烤烟综合优势指数

	2009年	2010年	2011年	2012年	2013年	2014年	平均值
河 北	0.166 336	0.149 69	0.165 255	0.166 42	0.169 742	0.208 956	0.171 1
山 西	0.454 465	0.398 612	0.445 249	0.399 321	0.398 456	0.432 612	0.421 5
内蒙古	0.357 426	0.388 513	0.379 016	0.349 112	0.339 802	0.323 116	0.356 2
辽 宁	0.634 828	0.563 638	0.547 166	0.564 496	0.519 638	0.666 264	0.582 7
吉 林	0.630 866	0.581 467	0.542 083	0.534 249	0.505 583	0.523 94	0.553 0
黑龙江	0.700 803	0.722 565	0.652 22	0.671 295	0.645 721	0.669 626	0.677 0
安 徽	0.473 28	0.485 551	0.488 995	0.503 552	0.557 465	0.585 208	0.515 7
福 建	1.790 037	1.715 239	1.796 831	1.782 585	1.854 552	1.903 662	1.807 2
江 西	0.702 659	0.684 978	0.728 453	0.754 938	0.727 7	0.850 943	0.741 6
山 东	0.704 291	0.549 396	0.618 202	0.652 272	0.677 992	0.571 467	0.628 9
河 南	1.072 827	1.070 939	1.072 11	1.060 306	1.126 975	1.112 695	1.086 0
湖 北	1.003 322	0.868 021	0.942 457	0.922 571	0.898 089	0.822 196	0.909 4
湖 南	1.306 913	1.346 303	1.377 054	1.340 396	1.415 168	1.404 26	1.365 0
广 东	0.633 323	0.649 203	0.639 426	0.621 927	0.613 91	0.646 775	0.634 1
广 西	0.315 451	0.265 792	0.272 372	0.285 641	0.303 176	0.303 599	0.291 0
重 庆	1.362 861	1.214 942	1.324 775	1.278 058	1.325 017	1.301 069	1.301 1
贵 州	2.831 428	2.999 253	3.066 942	2.848 208	3.029 68	2.836 4	2.935 3
云 南	2.707 263	2.900 935	2.847 729	2.801 525	2.669 137	2.707 754	2.772 4
陕 西	0.953 729	0.915 953	0.951 953	0.990 469	0.959 205	0.929 557	0.950 1
甘 肃	0.472 734	0.471 78	0.453 747	0.446 619	0.474 744	0.392 114	0.452 0
宁 夏	0.347 702	0.362 166	0.341 904	0.325 045	0.314 189	0.328 256	0.336 5

4.4.2　优势农产品水稻四川与其他地区比较分析

在综合优势方面，四川水稻的优势高于广东、贵州和安徽，与黑龙江、福建和重庆基本上相当，低于长江中下游的江西、湖南、湖北、浙江、江苏和上海，其中，江西和湖南的综合优势远远强于四川。在规模优势方面，四川水稻的规模优势仅仅强于贵州和重庆，其他地区均强于四川，尤其是江西、湖南和广东的水稻，其规模优势远远大于四川。效率优势方面，贵州、湖北和重庆水稻效率优势强于四川，其他地区均劣于四川，特别是广东、福建和浙江水稻产出效率优势明显低于四川。

表4-19　优势农产品水稻四川与其他地区优势效益比较指数

		2009年	2010年	2011年	2012年	2013年	2014年	平均值
规模优势	四川-黑龙江	1.054 3	0.928 4	0.871 0	0.824 7	0.789 9	0.785 7	0.875 7
	四川-上　海	0.780 9	0.782 2	0.792 8	0.763 6	0.761 3	0.747 1	0.771 3
	四川-江　苏	0.723 9	0.721 2	0.715 4	0.702 2	0.697 3	0.696 3	0.709 4
	四川-浙　江	0.570 8	0.569 2	0.577 7	0.577 5	0.573 6	0.568 4	0.572 9
	四川-安　徽	0.860 3	0.852 7	0.849 0	0.837 7	0.830 7	0.831 1	0.843 6
	四川-福　建	0.558 6	0.561 8	0.567 6	0.565 7	0.576 5	0.590 3	0.570 1
	四川-江　西	0.350 4	0.347 8	0.347 1	0.343 4	0.342 0	0.343 6	0.345 7
	四川-湖　北	0.787 3	0.829 8	0.825 7	0.828 3	0.793 2	0.779 5	0.807 3
	四川-湖　南	0.423 8	0.431 1	0.433 7	0.430 0	0.435 4	0.438 2	0.432 0
	四川-广　东	0.488 6	0.490 0	0.494 5	0.491 3	0.506 1	0.516 3	0.497 8
	四川-重　庆	1.037 6	1.038 8	1.043 6	1.047 2	1.049 7	1.057 5	1.045 7
	四川-贵　州	1.464 6	1.485 9	1.546 6	1.570 0	1.619 2	1.666 4	1.558 8

续表

		2009年	2010年	2011年	2012年	2013年	2014年	平均值
效率优势	四川-黑龙江	1.016 2	1.113 5	1.164 4	1.194 1	1.224 3	1.211 7	1.154 0
	四川-上 海	1.165 1	1.105 8	1.028 2	1.054 4	0.967 1	1.041 8	1.060 4
	四川-江 苏	1.125 4	1.107 5	1.082 7	1.101 4	1.102 6	1.110 4	1.105 0
	四川-浙 江	1.535 7	1.512 2	1.477 9	1.545 4	1.582 2	1.545 8	1.533 2
	四川-安 徽	1.207 0	1.227 9	1.232 1	1.292 3	1.320 7	1.316 2	1.266 1
	四川-福 建	1.774 6	1.738 0	1.731 5	1.775 3	1.785 2	1.771 5	1.762 7
	四川-江 西	1.421 6	1.398 6	1.421 4	1.422 4	1.443 0	1.397 8	1.417 5
	四川-湖 北	0.977 4	0.942 2	0.933 4	0.930 3	0.971 2	0.968 2	0.953 8
	四川-湖 南	1.273 2	1.272 3	1.264 9	1.271 1	1.247 4	1.208 3	1.256 2
	四川-广 东	2.620 9	2.638 2	2.616 1	2.666 3	2.828 1	2.634 3	2.667 3
	四川-重 庆	0.944 9	0.941 3	0.963 9	0.975 7	0.978 5	0.964 8	0.961 5
	四川-贵 州	0.785 3	0.728 1	0.843 6	0.795 5	0.857 0	0.800 7	0.801 7
综合效率	四川-黑龙江	1.035 1	1.016 8	1.007 1	0.992 3	0.983 4	0.975 8	1.001 7
	四川-上 海	0.953 8	0.930 0	0.902 9	0.897 3	0.858 1	0.882 3	0.904 1
	四川-江 苏	0.902 6	0.893 7	0.880 1	0.879 5	0.876 8	0.879 3	0.885 3
	四川-浙 江	0.936 2	0.927 7	0.924 0	0.944 7	0.952 6	0.937 3	0.937 1
	四川-安 徽	1.019 0	1.023 2	1.022 8	1.040 5	1.047 4	1.045 9	1.033 1
	四川-福 建	0.995 7	0.988 1	0.991 4	1.002 2	1.014 5	1.022 6	1.002 4
	四川-江 西	0.705 8	0.697 4	0.702 5	0.698 9	0.702 5	0.693 1	0.700 0
	四川-湖 北	0.877 3	0.884 2	0.877 9	0.877 8	0.877 7	0.868 7	0.877 3
	四川-湖 南	0.734 6	0.740 6	0.740 7	0.739 3	0.736 9	0.727 6	0.736 6

续表

	2009年	2010年	2011年	2012年	2013年	2014年	平均值
四川-广 东	1.131 6	1.136 9	1.137 3	1.144 5	1.196 3	1.166 2	1.152 2
四川-重 庆	0.990 1	0.988 8	1.003 0	1.010 9	1.013 5	1.010 1	1.002 7
四川-贵 州	1.072 5	1.040 2	1.142 2	1.117 5	1.178 0	1.155 1	1.117 6

4.4.3 优势农产品油菜四川与其他地区比较分析

在综合优势方面，四川油菜的优势高于浙江、甘肃、江西、重庆、江苏、安徽和湖南，位居第五，低于青海、湖北、西藏和贵州。在规模优势方面，四川油菜的种植面积较甘肃、江苏、重庆、浙江、安徽、贵州、西藏和江西优势突出，其中，规模优势明显高于甘肃、江苏和重庆，比起青海、湖北和湖南，四川的播种面积优势不明显，其中，种植面积优势远远低于青海。效率优势方面，青海、西藏和贵州油菜产出效率强于四川，其他优势地区的油菜产出均低于四川，特别是江西和浙江油菜产出效率优势明显低于四川。

表4-20 优势农产品油菜四川与其他地区优势效益比较指数

		2009年	2010年	2011年	2012年	2013年	2014年	平均值
规模优势	四川-江苏	1.568 4	1.655 0	1.750 6	1.845 6	1.913 6	2.028 3	1.793 6
	四川-浙江	1.332 6	1.346 1	1.447 1	1.426 6	1.492 9	1.892 2	1.489 6
	四川-安徽	1.237 3	1.309 3	1.420 3	1.495 3	1.623 0	1.707 2	1.465 4
	四川-江西	0.986 7	0.997 2	1.019 3	1.017 4	1.044 4	1.069 1	1.022 3
	四川-湖北	0.638 1	0.689 1	0.707 4	0.703 3	0.681v3	0.683 1	0.683 7
	四川-湖南	0.780 0	0.754 0	0.725 6	0.720 0	0.707 7	0.709 9	0.732 9

续表

		2009年	2010年	2011年	2012年	2013年	2014年	平均值
	四川-重庆	1.883 0	1.749 8	1.753 6	1.727 7	1.680 8	1.600 6	1.732 6
	四川-贵州	1.012 0	1.019 6	1.035 1	1.059 8	1.096 4	1.112 1	1.055 8
	四川-西藏	0.951 4	1.003 4	1.017 4	1.037 7	1.053 0	1.083 2	1.024 4
	四川-甘肃	2.061 1	2.182 4	2.234 1	2.380 2	2.519 2	2.630 8	2.334 6
	四川-青海	0.298 4	0.315 6	0.337 5	0.352 0	0.371 4	0.393 0	0.344 7
效率优势	四川-江苏	1.012 0	1.053 1	1.100 1	1.055 0	0.985 9	1.011 4	1.036 2
	四川-浙江	1.557 6	1.691 2	1.600 4	1.714 6	1.610 3	1.615 9	1.631 7
	四川-安徽	0.983 2	1.122 7	1.168 1	1.086 0	1.023 9	1.068 2	1.075 3
	四川-江西	2.075 5	1.927 0	1.988 2	1.994 9	1.944 2	1.920 6	1.975 1
	四川-湖北	1.067 5	1.031 3	1.122 1	1.137 2	1.094 4	1.134 7	1.097 9
	四川-湖南	1.529 6	1.484 7	1.502 1	1.617 3	1.460 5	1.480 4	1.512 4
	四川-重庆	1.131 1	1.149 2	1.130 9	1.129 2	1.108 3	1.114 1	1.127 1
	四川-贵州	0.962 1	1.243 3	0.748 9	0.877 0	0.808 5	0.852 3	0.915 3
	四川-西藏	0.825 7	0.795 5	0.751 1	0.764 8	0.751 3	0.766 9	0.775 9
	四川-甘肃	0.992 1	0.999 1	1.045 7	1.072 8	1.071 4	1.042 9	1.037 3
	四川-青海	0.615 0	0.619 1	0.610 2	0.563 9	0.561 7	0.567 7	0.589 6
综合优势	四川-江苏	1.259 9	1.320 2	1.387 7	1.395 3	1.373 5	1.432 3	1.361 5
	四川-浙江	1.440 7	1.508 8	1.521 8	1.564 0	1.550 5	1.748 6	1.555 7
	四川-安徽	1.103 0	1.212 4	1.288 0	1.274 3	1.289 1	1.350 4	1.252 9
	四川-江西	1.431 1	1.386 2	1.423 5	1.424 6	1.425 0	1.432 9	1.420 6

续表

	2009年	2010年	2011年	2012年	2013年	2014年	平均值
四川-湖北	0.825 3	0.843 0	0.890 9	0.894 3	0.863 5	0.880 4	0.866 3
四川-湖南	1.092 3	1.058 1	1.044 0	1.079 1	1.016 6	1.025 1	1.052 5
四川-重庆	1.459 4	1.418 1	1.408 3	1.396 8	1.364 9	1.335 4	1.397 1
四川-贵州	0.986 7	1.125 9	0.880 4	0.964 1	0.941 5	0.973 6	0.978 7
四川-西藏	0.886 3	0.893 4	0.874 2	0.890 9	0.889 5	0.911 5	0.891 0
四川-甘肃	1.430 0	1.476 6	1.528 5	1.598 0	1.642 9	1.656 4	1.555 4
四川-青海	0.428 4	0.442 0	0.453 8	0.445 6	0.456 8	0.472 3	0.449 8

4.4.4 优势农产品薯类四川与其他地区比较分析

在综合优势方面，四川薯类作物的优势高于广东、云南、内蒙古、宁夏和福建，位居第五，低于青海、重庆、贵州和甘肃。在规模优势方面，四川薯类作物的种植面积较广东、内蒙古、云南和福建优势突出，其中，规模优势明显高于广东，比起重庆、贵州、宁夏、甘肃和青海，四川的播种面积优势不明显。效率优势方面，青海、重庆和贵州薯类作物产出效率强于四川，其他优势地区的薯类作物产出均低于四川，特别是宁夏和云南薯类产出效率优势明显低于四川。

表4-21　优势农产品薯类四川与其他地区优势效益比较指数

		2009年	2010年	2011年	2012年	2013年	2014年	平均值
规模优势	四川-内蒙古	1.299 3	1.268 0	1.252 0	1.327 8	1.509 6	1.772 3	1.404 8
	四川-福建	1.155 1	1.129 8	1.153 4	1.197 4	1.196 1	1.196 9	1.171 5
	四川-广东	1.736 8	1.719 4	1.747 5	1.771 2	1.799 2	1.774 9	1.758 2

续表

		2009年	2010年	2011年	2012年	2013年	2014年	平均值
	四川-重庆	0.596 6	0.591 5	0.602 1	0.607 4	0.620 6	0.635 0	0.608 9
	四川-贵州	0.682 7	0.683 3	0.697 4	0.712 9	0.736 2	0.762 8	0.712 6
	四川-云南	1.279 4	1.274 7	1.333 1	1.327 6	1.387 8	1.394 3	1.332 8
	四川-甘肃	0.765 8	0.774 1	0.766 3	0.757 0	0.762 0	0.803 2	0.771 4
	四川-青海	0.742 3	0.788 9	0.788 4	0.837 7	0.760 0	0.778 4	0.782 6
	四川-宁夏	0.705 3	0.703 4	0.711 5	0.727 7	0.752 0	0.922 9	0.753 8
效率优势	四川-内蒙古	1.242 3	1.347 3	1.147 2	1.345 4	1.161 1	1.258 7	1.250 3
	四川-福建	1.158 3	1.156 7	1.058 7	1.155 8	1.120 6	1.125 6	1.129 3
	四川-广东	1.484 1	1.519 4	1.430 1	1.557 2	1.551 3	1.640 7	1.530 5
	四川-重庆	0.898 0	0.907 6	0.839 0	0.890 1	0.866 7	0.869 7	0.878 5
	四川-贵州	1.111 3	1.253 3	0.687 3	0.934 9	0.800 5	0.788 2	0.929 2
	四川-云南	1.876 0	1.857 0	1.747 2	1.990 4	1.724 8	1.903 5	1.849 8
	四川-甘肃	1.067 6	1.151 5	0.909 6	1.033 8	1.028 3	1.051 8	1.040 4
	四川-青海	0.540 0	0.520 9	0.477 2	0.544 7	0.522 8	0.524 9	0.521 8
	四川-宁夏	2.172 7	2.172 2	1.906 7	2.212 2	2.045 6	1.862 1	2.061 9
综合优势	四川-内蒙古	1.270 4	1.307 1	1.198 4	1.336 6	1.323 9	1.493 6	1.321 7
	四川-福建	1.156 7	1.143 2	1.105 0	1.176 5	1.157 8	1.160 7	1.150 0
	四川-广东	1.605 5	1.616 3	1.580 9	1.660 7	1.670 6	1.706 5	1.640 1
	四川-重庆	0.732 0	0.732 7	0.710 8	0.735 3	0.733 4	0.743 2	0.731 2
	四川-贵州	0.871 0	0.925 4	0.692 3	0.816 4	0.767 7	0.775 4	0.808 0

续表

	2009年	2010年	2011年	2012年	2013年	2014年	平均值
四川-云南	1.549 2	1.538 5	1.526 2	1.625 6	1.547 1	1.629 1	1.569 3
四川-甘肃	0.904 2	0.944 2	0.834 9	0.884 6	0.885 2	0.919 1	0.895 4
四川-青海	0.633 1	0.641 1	0.613 3	0.675 5	0.630 3	0.639 2	0.638 8
四川-宁夏	1.237 9	1.236 1	1.164 7	1.268 8	1.240 3	1.310 9	1.243 1

4.4.5 优势农产品豆类四川与其他地区比较分析

在综合优势方面，四川豆类作物的优势略高于江苏、贵州、浙江、甘肃和吉林，低于黑龙江、青海、内蒙古、重庆、云南和西藏。在规模优势方面，四川豆类作物的种植面积较西藏、江苏和甘肃优势突出，其中，规模优势明显高于西藏，比起其他优势地区，四川的播种面积优势不明显，明显低于内蒙古和安徽。效率优势方面，西藏、青海和重庆豆类作物产出效率强于四川，其他优势地区的豆类作物产出均低于四川，特别是安徽和吉林豆类产出效率优势明显低于四川。

表4-22 优势农产品豆类四川与其他地区优势效益比较指数

		2009年	2010年	2011年	2012年	2013年	2014年	平均值
规模优势	四川-内蒙古	0.288 8	0.292 0	0.320 6	0.420 8	0.464 7	0.563 8	0.391 8
	四川-吉 林	0.409 6	0.445 8	0.499 8	0.709 9	0.780 9	0.848 0	0.615 7
	四川-黑龙江	0.133 7	0.148 7	0.166 4	0.218 8	0.237 5	0.233 5	0.189 8
	四川-江 苏	1.048 9	1.046 5	1.060 7	1.179 8	1.188 9	1.255 7	1.130 1
	四川-浙 江	0.906 3	0.905 0	0.912 9	0.829 5	0.821 4	0.807 2	0.863 7
	四川-安 徽	0.403 3	0.406 7	0.429 4	0.461 6	0.464 4	0.479 2	0.440 8

续表

		2009年	2010年	2011年	2012年	2013年	2014年	平均值
	四川-重 庆	0.758 4	0.720 4	0.700 6	0.746 8	0.725 1	0.746 5	0.733 0
	四川-贵 州	0.720 0	0.715 5	0.737 5	0.837 5	0.829 5	0.852 3	0.782 1
	四川-云 南	0.518 2	0.509 8	0.535 1	0.597 3	0.614 4	0.643 5	0.569 7
	四川-西 藏	1.654 4	1.664 7	1.726 1	1.910 5	2.071 9	2.201 0	1.871 4
	四川-甘 肃	0.891 0	0.921 7	0.946 2	1.058 9	1.101 4	1.194 4	1.018 9
	四川-青 海	0.569 5	0.693 8	0.781 7	0.828 6	0.996 8	1.025 9	0.816 1
效率优势	四川-内蒙古	1.366 4	1.266 2	1.161 6	0.937 8	1.052 9	1.261 3	1.174 4
	四川-吉 林	1.860 8	1.406 9	1.475 9	2.022 5	1.679 0	1.687 5	1.688 8
	四川-黑龙江	1.345 7	1.384 5	1.370 2	1.241 6	1.343 2	1.231 6	1.319 5
	四川-江 苏	1.059 7	1.052 5	1.035 5	0.935 3	1.023 0	1.054 0	1.026 7
	四川-浙 江	1.364 4	1.317 3	1.209 8	1.088 3	1.127 2	1.129 4	1.206 1
	四川-安 徽	1.876 8	1.898 8	1.851 1	1.652 7	1.678 0	1.642 3	1.766 6
	四川-重 庆	1.094 8	1.091 5	1.026 3	0.921 9	0.920 3	0.930 0	0.997 4
	四川-贵 州	1.294 4	1.647 5	1.540 4	1.549 4	1.384 9	1.220 7	1.439 6
	四川-云 南	1.327 8	2.131 1	1.349 0	1.216 5	1.182 3	1.161 7	1.394 7
	四川-西 藏	0.566 0	0.570 8	0.535 0	0.484 1	0.456 3	0.447 1	0.509 9
	四川-甘 肃	1.130 9	1.062 0	1.055 0	1.042 1	0.880 8	0.987 2	1.026 3
	四川-青 海	0.541 8	0.535 4	0.547 5	0.491 1	0.486 3	0.490 4	0.515 4
综合优势	四川-内蒙古	0.628 2	0.608 0	0.610 3	0.628 2	0.699 5	0.843 3	0.669 6
	四川-吉 林	0.873 1	0.792 0	0.858 8	1.198 2	1.145 1	1.196 3	1.010 6
	四川-黑龙江	0.424 2	0.453 8	0.477 5	0.521 2	0.564 8	0.536 3	0.496 3

续表

	2009年	2010年	2011年	2012年	2013年	2014年	平均值
四川-江 苏	1.054 3	1.049 5	1.048 0	1.050 5	1.102 8	1.150 4	1.075 9
四川-浙 江	1.112 0	1.091 9	1.050 9	0.950 1	0.962 3	0.954 8	1.020 3
四川-安 徽	0.870 0	0.878 8	0.891 5	0.873 4	0.882 8	0.887 2	0.880 6
四川-重 庆	0.911 2	0.886 7	0.848 0	0.829 7	0.816 9	0.833 2	0.854 3
四川-贵 州	0.965 4	1.085 7	1.065 8	1.139 1	1.071 8	1.020 0	1.058 0
四川-云 南	0.829 5	1.042 3	0.849 6	0.852 5	0.852 3	0.864 6	0.881 8
四川-西 藏	0.967 6	0.974 8	0.960 9	0.961 7	0.972 3	0.992 0	0.971 6
四川-甘 肃	1.003 8	0.989 4	0.999 1	1.050 5	0.985 0	1.085 8	1.018 9
四川-青 海	0.555 5	0.609 4	0.654 2	0.637 9	0.696 2	0.709 3	0.643 8

4.4.6 优势农产品茶叶四川与其他地区比较分析

在综合优势方面，四川茶叶的优势高于重庆、安徽和湖南，低于福建、浙江、云南、湖南和贵州，且明显低于福建。在规模优势方面，四川茶叶的种植面积较重庆、湖南和安徽规模优势显著突出，比起其他优势地区，四川的播种面积优势不明显，且明显低于福建、浙江和云南。效率优势方面，湖南、福建和重庆茶叶产出效率强于四川，其他优势地区的茶叶产出均低于四川，特别是云南和贵州茶叶产出效率优势明显低于四川。

表4-23　优势农产品茶叶四川与其他地区优势效益比较指数

		2009年	2010年	2011年	2012年	2013年	2014年	平均值
规模优势	四川-浙江	0.300 1	0.322 5	0.338 4	0.350 5	0.368 5	0.367 6	0.341 3
	四川-安徽	1.478 5	1.565 8	1.635 0	1.653 9	1.689 7	1.698 3	1.620 2
	四川-福建	0.244 3	0.260 6	0.270 5	0.282 1	0.289 5	0.300 1	0.274 5
	四川-湖北	0.768 7	0.860 6	0.824 3	0.857 2	0.815 1	0.844 4	0.828 4
	四川-湖南	1.871 3	1.956 9	2.050 8	2.159 0	2.197 8	2.174 3	2.068 4
	四川-重庆	2.330 0	2.403 7	2.462 3	2.737 5	2.869 9	2.968 8	2.628 7
	四川-贵州	0.762 3	0.675 3	0.639 4	0.568 8	0.504 8	0.472 4	0.603 8
	四川-云南	0.377 1	0.404 3	0.438 8	0.490 2	0.523 5	0.555 7	0.464 9
效率优势	四川-浙江	1.183 3	1.190 0	1.176 4	1.212 2	1.200 6	1.307 2	1.211 6
	四川-安徽	1.224 4	1.243 5	1.235 3	1.308 7	1.241 5	1.238 1	1.248 6
	四川-福建	0.801 0	0.781 3	0.769 7	0.764 7	0.728 7	0.713 5	0.759 8
	四川-湖北	1.124 1	0.956 1	1.001 0	0.981 4	1.011 6	0.946 5	1.003 4
	四川-湖南	0.768 0	0.668 2	0.632 6	0.673 5	0.614 1	0.607 5	0.660 7
	四川-重庆	0.969 8	0.935 7	0.881 4	0.810 8	0.745 4	0.785 2	0.854 7
	四川-贵州	1.660 9	1.529 4	1.295 3	1.626 1	1.573 9	1.629 3	1.552 5
	四川-云南	2.004 8	1.773 7	1.680 1	1.588 6	1.439 8	1.297 9	1.630 8
综合效率	四川-浙江	0.595 9	0.619 5	0.631 0	0.651 8	0.665 2	0.693 2	0.642 8
	四川-安徽	1.345 4	1.395 4	1.421 2	1.471 2	1.448 4	1.450 1	1.421 9
	四川-福建	0.442 3	0.451 3	0.456 3	0.464 4	0.459 3	0.462 7	0.456 1
	四川-湖北	0.929 6	0.907 1	0.908 3	0.917 2	0.908 0	0.894 0	0.910 7

续表

	2009年	2010年	2011年	2012年	2013年	2014年	平均值
四川-湖南	1.198 8	1.143 5	1.139 0	1.205 9	1.161 8	1.149 3	1.166 4
四川-重庆	1.503 2	1.499 7	1.473 1	1.489 8	1.462 6	1.526 8	1.492 6
四川-贵州	1.125 2	1.016 3	0.910 1	0.961 7	0.891 4	0.877 3	0.963 7
四川-云南	0.869 5	0.846 8	0.858 6	0.882 4	0.868 2	0.849 3	0.862 5

4.4.7 优势农产品烤烟四川与其他地区比较分析

在综合优势方面，四川烤烟优势高于仅仅高于河南，低于贵州、云南、福建、湖南和重庆，且明显低于贵州和云南。在规模优势方面，四川烤烟种植面积较河南规模优势显著突出，比起其他优势地区，四川的播种面积优势不明显，且明显低于云南、贵州和福建。效率优势方面，贵州和湖南茶叶产出效率强于四川，其他优势地区的茶叶产出均低于四川。

表4-24　优势农产品烤烟四川与其他地区优势效益比较指数

		2009年	2010年	2011年	2012年	2013年	2014年	平均值
规模优势	四川-福建	0.355 7	0.328 7	0.349 0	0.350 3	0.323 7	0.293 6	0.333 5
	四川-河南	1.370 1	1.086 6	1.176 0	1.224 6	1.111 8	1.057 1	1.171 1
	四川-湖南	0.930 8	0.823 6	0.870 8	0.854 0	0.801 7	0.766 0	0.841 1
	四川-重庆	0.813 5	0.895 2	0.901 9	0.985 3	0.871 5	0.808 1	0.879 3
	四川-贵州	0.279 0	0.248 5	0.258 1	0.235 5	0.225 2	0.232 0	0.246 4
	四川-云南	0.176 7	0.142 7	0.144 0	0.141 7	0.144 8	0.134 1	0.147 3

续表

		2009年	2010年	2011年	2012年	2013年	2014年	平均值
效率优势	四川-福建	1.375 0	1.555 8	1.336 5	1.451 2	1.312 3	1.371 7	1.400 4
	四川-河南	0.993 7	1.207 4	1.114 0	1.173 4	1.034 8	1.115 2	1.106 4
	四川-湖南	0.985 6	1.008 0	0.911 9	1.052 9	0.910 1	0.966 4	0.972 5
	四川-重庆	1.037 1	1.138 1	0.951 3	1.003 8	0.955 0	1.067 0	1.025 4
	四川-贵州	0.700 6	0.673 2	0.620 2	0.845 6	0.707 0	0.781 9	0.721 4
	四川-云南	1.209 9	1.252 8	1.289 2	1.452 2	1.416 5	1.485 0	1.351 0
综合优势	四川-福建	0.699 3	0.715 2	0.682 9	0.713 0	0.651 8	0.634 6	0.682 8
	四川-河南	1.166 8	1.145 4	1.144 6	1.198 7	1.072 6	1.085 8	1.135 7
	四川-湖南	0.957 8	0.911 1	0.891 1	0.948 2	0.854 2	0.860 3	0.903 8
	四川-重庆	0.918 5	1.009 7	0.926 3	0.994 5	0.912 3	0.928 6	0.948 3
	四川-贵州	0.442 1	0.409 0	0.400 1	0.446 3	0.399 0	0.425 9	0.420 4
	四川-云南	0.462 4	0.422 9	0.430 9	0.453 7	0.452 9	0.446 2	0.444 8

4.5 基于改进模式下的四川优势农产品与其他地区优势农产品分析

4.5.1 优势农产品水稻区域比较分析

四川的水稻综合优势、规模优势、效率优势和效益优势均大于1,即四川种植的水稻在规模上、产量上和净产值方面均在全国具有比较优势。对于其他地区,除四川外,湖南、江苏、福建、湖北、安徽和重庆也属于水稻优势产区,排名前三的是湖南、江苏和福建;在种植规模方面,江苏、安徽、福建、湖北、湖南和重庆具有相对优势，优势排前三的有湖南、福建和江苏；在产量方面，江苏、河南、湖北、湖南、重庆和陕西具有相对优势，其中，江苏、湖北和四川是优势较强的前三个地区；净产值方面，江苏、福建、湖北、湖南和云南具有效益规模，相对优势位居前三的是福建、湖南和湖北。

表4-25　四川优势农产品水稻与其他地区优势比较

		2009年	2010年	2011年	2012年	2013年	2014年	平均值
综合优势	江苏	1.219 7	1.453 6	1.230 4	1.225 7	1.284 7	1.310 2	1.287 4
	安徽	1.058 1	1.187 1	1.069 9	1.033 9	1.036 2	1.031 7	1.069 5
	福建	1.243 2	1.549 1	1.218 8	1.199 6	1.225 2	1.217 3	1.275 5
	河南	0.635 2	0.400 7	0.617 8	0.639 4	0.615 2	0.671 1	0.596 6
	湖北	1.231 2	1.298 9	1.234 6	1.209 2	1.185 0	1.247 8	1.234 4
	湖南	1.268 7	1.876 3	1.330 6	1.314 3	1.195 3	1.288 7	1.379 0
	重庆	1.023 7	1.115 3	1.042 5	1.039 9	1.037 1	0.998 0	1.042 7
	四川	1.106 1	1.142 0	1.098 5	1.098 8	1.155 3	1.081 4	1.113 7
	贵州	0.978 8	0.830 4	0.722 8	0.877 4	0.805 3	0.853 1	0.844 6
	云南	0.967 4	0.875 3	0.959 1	0.920 8	0.945 3	0.957 1	0.937 5
	陕西	0.544 7	0.291 7	0.579 1	0.566 6	0.585 8	0.568 3	0.522 7
规模优势	江苏	1.582 1	1.577 1	1.584 3	1.597 5	1.601 5	1.614 9	1.592 9
	安徽	1.331 4	1.334 0	1.334 9	1.339 1	1.344 2	1.353 0	1.339 4
	福建	2.050 3	2.024 7	1.996 7	1.982 9	1.937 0	1.904 9	1.982 8
	河南	0.230 8	0.237 1	0.241 6	0.246 4	0.243 2	0.246 6	0.240 9
	湖北	1.454 7	1.370 7	1.372 6	1.354 4	1.407 8	1.442 6	1.400 5

续表

	2009年	2010年	2011年	2012年	2013年	2014年	平均值
湖南	2.702 3	2.638 5	2.613 0	2.608 8	2.564 9	2.566 4	2.615 6
重庆	1.103 9	1.095 0	1.086 0	1.071 2	1.063 8	1.063 3	1.080 5
四川	1.145 4	1.137 4	1.133 3	1.121 8	1.116 7	1.124 5	1.129 8
贵州	0.782 1	0.765 5	0.732 8	0.714 5	0.689 7	0.674 8	0.726 5
云南	0.877 7	0.853 1	0.869 3	0.848 5	0.875 8	0.868 5	0.865 5
陕西	0.161 6	0.156 3	0.156 2	0.157 8	0.157 4	0.158 1	0.157 9
效率优势 江苏	1.225 9	1.234 8	1.239 7	1.243 8	1.263 1	1.235 3	1.240 4
安徽	0.950 0	0.940 2	0.929 8	0.928 3	0.916 0	0.923 1	0.931 2
福建	0.905 1	0.906 8	0.909 5	0.898 2	0.914 2	0.906 8	0.906 8
河南	1.120 3	1.145 0	1.112 2	1.121 3	1.127 7	1.194 2	1.136 8
湖北	1.182 0	1.166 4	1.187 5	1.207 6	1.187 9	1.184 0	1.185 9
湖南	0.967 5	0.948 8	0.947 1	0.948 3	0.933 5	0.938 2	0.947 2
重庆	1.138 4	1.157 1	1.075 0	1.069 7	1.087 5	1.070 9	1.099 8
四川	1.138 8	1.151 2	1.137 3	1.134 6	1.158 8	1.124 9	1.140 9
贵州	0.985 6	0.977 4	0.666 9	0.869 5	0.785 8	0.867 9	0.858 8
云南	0.929 1	0.921 5	0.931 5	0.878 4	0.862 6	0.854 1	0.896 2
陕西	0.999 6	1.016 6	1.044 9	1.045 1	1.094 4	1.080 6	1.046 9
效益优势 江苏	0.935 6	1.577 1	0.948 4	0.926 9	1.048 3	1.127 4	1.093 9
安徽	0.936 5	1.334 0	0.986 8	0.889 0	0.903 5	0.879 2	0.988 2
福建	1.035 5	2.024 7	0.997 0	0.969 2	1.038 6	1.044 2	1.184 9
河南	0.991 3	0.237 1	0.877 6	0.946 0	0.848 9	1.026 2	0.821 2

续表

	2009年	2010年	2011年	2012年	2013年	2014年	平均值
湖北	1.085 3	1.370 7	1.154 5	1.081 0	0.995 1	1.137 6	1.137 4
湖南	0.781 1	2.638 5	0.952 0	0.917 8	0.713 3	0.889 0	1.148 6
重庆	0.853 7	1.095 0	0.970 5	0.981 6	0.964 1	0.872 9	0.956 3
四川	1.037 4	1.137 4	1.028 4	1.042 3	1.191 7	0.999 8	1.072 8
贵州	1.216 6	0.765 5	0.772 8	1.087 1	0.963 6	1.060 1	0.977 6
云南	1.110 3	0.853 1	1.089 7	1.047 5	1.118 1	1.181 9	1.066 8
陕西	1.000 7	0.156 3	1.190 3	1.103 0	1.166 7	1.074 6	0.948 6

附4-25-1　粳稻优势比较指数

		2010年	2011年	2012年	2013年	2014年	平均值
综合优势	河北	0.489 8	0.479 3	0.443 1	0.454 8	0.469 6	0.467 3
	内蒙古	0.583 0	0.530 5	0.546 1	0.459 9	0.440 9	0.512 1
	辽宁	1.140 9	1.166 6	1.170 6	1.140 2	1.160 6	1.155 8
	吉林	1.155 5	1.157 2	1.091 4	1.052 0	1.090 5	1.109 3
	黑龙江	1.248 3	1.249 9	1.269 9	1.284 6	1.307 7	1.272 1
	浙江	1.471 3	1.439 3	1.457 3	1.460 7	1.456 0	1.456 9
	山东	0.527 0	0.493 6	0.509 2	0.510 6	0.498 2	0.507 7
	宁夏	0.960 4	0.875 3	0.904 5	0.891 8	0.838 6	0.894 1
规模优势	河北	0.087 1	0.088 4	0.090 3	0.090 3	0.089 9	0.089 2
	内蒙古	0.125 4	0.118 2	0.115 2	0.095 8	0.098 0	0.110 5
	辽宁	1.585 2	1.486 5	1.450 5	1.404 4	1.246 1	1.434 6

续表

		2010年	2011年	2012年	2013年	2014年	平均值
	吉林	1.229 6	1.236 6	1.217 5	1.222 3	1.228 2	1.226 8
	黑龙江	2.171 1	2.251 4	2.315 1	2.369 8	2.420 3	2.305 6
	浙江	3.541 6	3.394 4	3.306 0	3.263 7	3.345 9	3.370 3
	山东	0.113 0	0.107 1	0.105 2	0.102 1	0.102 4	0.106 0
	宁夏	0.635 2	0.622 2	0.626 8	0.591 4	0.575 0	0.610 1
效率优势	河北	0.965 8	0.972 8	0.795 6	0.935 6	0.877 1	0.909 4
	内蒙古	1.151 7	1.161 8	1.125 2	1.020 3	0.921 3	1.076 1
	辽宁	0.958 6	1.027 7	1.052 8	1.079 3	1.103 8	1.044 4
	吉林	1.197 9	1.210 5	1.041 0	1.071 5	1.080 9	1.120 4
	黑龙江	0.945 1	0.939 5	0.970 4	0.966 6	0.965 0	0.957 3
	浙江	0.996 4	0.973 4	1.002 4	0.967 8	0.983 9	0.984 8
	山东	1.177 1	1.120 2	1.145 1	1.163 4	1.134 0	1.148 0
	宁夏	1.194 4	1.131 3	1.160 5	1.159 5	1.088 8	1.146 9
效益优势	河北	1.396 5	1.280 6	1.211 2	1.112 9	1.313 7	1.263 0
	内蒙古	1.371 5	1.087 4	1.255 8	0.995 3	0.949 1	1.131 8
	辽宁	0.977 2	1.039 4	1.050 4	0.977 8	1.136 7	1.036 3
	吉林	1.047 4	1.035 2	1.025 7	0.888 9	0.976 8	0.994 8
	黑龙江	0.948 0	0.923 2	0.911 6	0.925 4	0.957 4	0.933 1
	浙江	0.902 6	0.902 3	0.934 0	0.986 7	0.937 7	0.932 6
	山东	1.100 5	1.002 3	1.096 0	1.120 1	1.064 9	1.076 8
	宁夏	1.167 4	0.952 9	1.017 3	1.034 4	0.942 2	1.022 8

附4-25-2　晚稻优势比较指数

		2010年	2011年	2012年	2013年	2014年	平均值
综合优势	江西	1.103 6	1.140 8	1.118 1	1.159 8	1.140 9	1.132 6
	广东	0.979 1	1.011 7	1.021 8	0.946 7	0.979 1	0.987 7
	广西	0.890 6	0.856 3	0.866 6	0.902 7	0.902 1	0.883 7
	海南	0.597 3	0.620 0	0.703 2	0.647 6	0.633 6	0.640 3
规模优势	江西	1.321 5	1.334 3	1.344 2	1.362 4	1.354 4	1.343 4
	广东	0.938 0	0.936 8	0.939 6	0.920 8	0.901 5	0.927 3
	广西	0.771 9	0.764 9	0.754 8	0.755 8	0.772 0	0.763 9
	海南	0.845 4	0.838 6	0.847 0	0.833 3	0.820 5	0.836 9
效益优势	江西	1.030 6	1.052 3	1.033 4	1.048 4	1.034 5	1.039 8
	广东	0.999 5	1.011 8	1.006 0	0.956 0	0.983 6	0.991 4
	广西	0.985 2	0.933 8	0.966 1	0.986 5	0.981 7	0.970 7
	海南	0.785 8	0.815 5	0.835 8	0.839 0	0.849 4	0.825 1
效益优势	江西	0.987 1	1.057 3	1.006 2	1.092 1	1.059 9	1.040 5
	广东	1.001 0	1.092 6	1.128 6	0.963 8	1.058 5	1.048 9
	广西	0.928 9	0.879 2	0.892 4	0.986 5	0.968 6	0.931 1
	海南	0.320 8	0.348 5	0.491 3	0.388 6	0.364 9	0.382 8

4.5.2　优势农产品油菜区域比较分析

四川的油菜综合优质指数为1.214 4，在全国范围内具有综合优势，其在规模优势、效率优势和效益优势指数均大于1，在种植面积、产量和净产值方面均具有相对优势。其他地区来看，在综合优势方面，江苏、浙江、安徽、重庆、甘肃和青海在全国具有优势，江苏、青海和四川位居前三；种植规模方面，江苏、浙江、安徽、重庆、云南、甘肃和青海具有规模优势，其中，排名前三的是青海、江苏和四川；产量方面，江苏、浙江、安徽、河南、湖北、陕西、甘肃和青海具有效率优势，排名靠前的是江苏、河南和安徽；在净产值方面，江苏、浙江、安徽、重庆、云南、甘肃和青海具有效益优势，其中，排名靠前的是青海、江苏和四川。

表4-26　四川优势农产品油菜与其他地区优势比较

		2009年	2010年	2011年	2012年	2013年	2014年	平均值
综合优势	内蒙古	0.115 6	0.321 9	0.435 2	0.355 7	0.443 8	0.422 2	0.349 1
	江苏	1.411 3	1.392 4	1.105 9	1.364 6	1.333 7	1.397 5	1.334 2
	浙江	1.133 5	1.057 1	1.187 6	1.029 3	1.120 3	1.153 5	1.113 5
	安徽	1.201 6	0.979 3	0.766 3	1.127 7	1.163 6	1.106 1	1.057 4
	江西	0.683 9	0.668 7	0.837 8	0.775 5	0.866 9	0.867 5	0.783 4
	河南	1.127 8	0.907 9	0.912 0	1.019 1	1.014 9	0.859 9	0.973 6
	湖北	0.970 3	1.099 3	1.023 1	0.913 7	1.036 1	0.867 2	0.984 9
	湖南	0.870 6	0.936 2	1.053 9	0.764 4	0.950 6	0.879 2	0.909 2
	重庆	1.023 5	1.053 9	1.123 5	1.134 8	1.015 4	0.980 1	1.055 2
	四川	1.123 5	1.269 1	1.233 8	1.303 9	1.087 5	1.268 5	1.214 4
	贵州	0.783 5	0.618 4	0.761 8	0.827 2	0.773 4	0.858 7	0.770 5
	云南	1.039 5	0.733 3	1.197 9	1.138 3	0.795 8	1.037 6	0.990 4
	陕西	0.921 6	0.926 6	0.944 5	1.090 1	1.023 0	1.071 1	0.996 1
	甘肃	1.106 5	1.170 7	1.072 8	1.190 3	0.928 2	1.244 7	1.118 9

续表

		2009年	2010年	2011年	2012年	2013年	2014年	平均值
	青海	1.286 9	1.468 3	1.201 0	1.206 6	1.129 1	1.261 7	1.259 0
规模优势	内蒙古	0.053 3	0.243 1	0.370 3	0.273 7	0.380 0	0.340 4	0.276 8
	江苏	1.436 8	1.400 2	1.017 9	1.359 9	1.290 0	1.386 3	1.315 2
	浙江	1.171 0	1.078 4	1.250 3	1.029 8	1.166 5	1.207 5	1.150 6
	安徽	1.220 4	0.928 2	0.654 8	1.107 6	1.149 5	1.065 9	1.021 1
	江西	0.728 1	0.674 4	0.935 3	0.839 9	0.986 4	0.981 1	0.857 5
	河南	1.051 1	0.766 8	0.829 1	0.930 7	0.911 0	0.719 8	0.868 1
	湖北	0.919 3	1.084 4	1.006 7	0.854 2	1.022 4	0.785 1	0.945 4
	湖南	0.905 8	0.975 6	1.171 4	0.752 6	1.033 3	0.920 6	0.959 9
	重庆	1.062 5	1.079 3	1.202 8	1.222 3	1.039 5	0.984 6	1.098 5
	四川	1.116 5	1.294 1	1.242 5	1.358 7	1.048 7	1.316 5	1.229 5
	贵州	0.773 7	0.624 3	0.741 7	0.823 5	0.741 8	0.861 1	0.761 0
	云南	1.136 2	0.852 5	1.285 9	1.208 7	0.750 4	1.082 8	1.052 8
	陕西	0.895 8	0.874 3	0.903 4	1.111 4	1.029 2	1.082 6	0.982 8
	甘肃	1.204 2	1.252 3	1.121 5	1.280 5	0.887 3	1.350 5	1.182 7
	青海	1.371 5	1.698 6	1.258 6	1.238 6	1.155 4	1.366 2	1.348 1
效率优势	内蒙古	0.544 8	0.564 8	0.601 3	0.601 0	0.605 3	0.649 2	0.594 4
	江苏	1.361 6	1.376 8	1.305 2	1.374 3	1.425 5	1.420 1	1.377 3
	浙江	1.062 0	1.015 7	1.071 6	1.028 2	1.033 4	1.052 6	1.043 9
	安徽	1.164 8	1.090 2	1.049 2	1.169 1	1.192 4	1.191 0	1.142 8

续表

		2009年	2010年	2011年	2012年	2013年	2014年	平均值
	江西	0.603 3	0.657 6	0.672 3	0.661 0	0.669 4	0.678 3	0.657 0
	河南	1.298 5	1.273 0	1.103 5	1.221 8	1.259 7	1.227 1	1.230 6
	湖北	1.081 0	1.129 8	1.056 7	1.045 5	1.063 9	1.057 8	1.072 5
	湖南	0.804 4	0.862 0	0.853 2	0.788 7	0.804 6	0.801 8	0.819 1
	重庆	0.949 9	1.004 8	0.980 2	0.978 1	0.968 9	0.971 0	0.975 5
	四川	1.137 4	1.220 5	1.216 7	1.200 7	1.169 4	1.177 8	1.187 1
	贵州	0.803 5	0.606 8	0.803 7	0.834 6	0.840 6	0.853 7	0.790 5
	云南	0.870 2	0.542 6	1.039 6	1.009 4	0.895 2	0.952 7	0.885 0
	陕西	0.975 5	1.040 7	1.032 6	1.048 6	1.010 7	1.048 4	1.026 1
	甘肃	0.934 2	1.023 0	0.981 8	1.028 4	1.015 9	1.057 3	1.006 8
	青海	1.132 9	1.097 2	1.093 7	1.145 2	1.078 3	1.076 2	1.103 9
效益优势	内蒙古	0.053 3	0.243 1	0.370 3	0.273 7	0.380 0	0.340 4	0.276 8
	江苏	1.436 8	1.400 2	1.017 9	1.359 9	1.290 0	1.386 3	1.315 2
	浙江	1.171 0	1.078 4	1.250 3	1.029 8	1.166 5	1.207 5	1.150 6
	安徽	1.220 4	0.928 2	0.654 8	1.107 6	1.149 5	1.065 9	1.021 1
	江西	0.728 1	0.674 4	0.935 3	0.839 9	0.986 4	0.981 1	0.857 5
	河南	1.051 1	0.766 8	0.829 1	0.930 7	0.911 0	0.719 8	0.868 1
	湖北	0.919 3	1.084 4	1.006 7	0.854 2	1.022 4	0.785 1	0.945 4
	湖南	0.905 8	0.975 6	1.171 4	0.752 6	1.033 3	0.920 6	0.959 9
	重庆	1.062 5	1.079 3	1.202 8	1.222 3	1.039 5	0.984 6	1.098 5

续表

	2009年	2010年	2011年	2012年	2013年	2014年	平均值
四川	1.116 5	1.294 1	1.242 5	1.358 7	1.048 7	1.316 5	1.229 5
贵州	0.773 7	0.624 3	0.741 7	0.823 5	0.741 8	0.861 1	0.761 0
云南	1.136 2	0.852 5	1.285 9	1.208 7	0.750 4	1.082 8	1.052 8
陕西	0.895 8	0.874 3	0.903 4	1.111 4	1.029 2	1.082 6	0.982 8
甘肃	1.204 2	1.252 3	1.121 5	1.280 5	0.887 3	1.350 5	1.182 7
青海	1.371 5	1.698 6	1.258 6	1.238 6	1.155 4	1.366 2	1.348 1

4.5.3 优势农产品烟叶区域比较分析

四川的油菜综合优质指数为1.062 6，在全国范围内具有综合优势，其规模优势指数大于1，在种植面积上具有规模优势，而在产量和净产值方面优势指数均小于1，不具有效率和效益优势。其他地区来看，在综合优势方面，福建、河南、湖南、重庆、贵州和陕西在全国具有优势，贵州、福建和湖南位居前三；种植规模方面，黑龙江、福建、河南、湖南、重庆、贵州和陕西具有规模优势，其中，排名前三的是贵州、福建和陕西；产量方面，内蒙古、辽宁、黑龙江、安徽、山东、河南、湖南、广东、陕西和甘肃具有效率优势，排名靠前的是甘肃、内蒙古和安徽；在净产值方面，内蒙古、辽宁、黑龙江、安徽、山东、河南、湖南和甘肃具有效益优势，其中，排名靠前的是内蒙古、河南和山东。

表4-27 四川优势农产品烟叶与其他地区优势比较

		2009年	2010年	2011年	2012年	2013年	2014年	平均值
综合优势	河北	0.276 9	0.263 2	0.306 3	0.293 1	0.291 9	0.372 4	0.300 6
	内蒙古	0.433 7	0.534 7	0.622 2	0.485 0	0.455 5	0.474 7	0.501 0
	辽宁	0.739 8	0.651 7	0.524 6	0.757 9	0.711 9	0.811 0	0.699 5
	黑龙江	0.652 3	0.813 6	2.281 1	0.733 4	0.725 7	0.734 1	0.990 1
	安徽	0.539 7	0.616 2	0.693 2	0.604 6	0.604 1	0.651 1	0.618 2
	福建	1.560 0	1.333 3	0.904 4	1.430 6	1.598 7	1.589 0	1.402 6
	山东	0.906 0	0.750 7	0.741 2	0.826 5	0.930 5	0.717 0	0.812 0
	河南	1.069 1	1.070 7	1.339 6	1.206 0	1.209 5	1.071 9	1.161 1
	湖北	0.896 9	0.794 9	1.069 4	0.847 3	0.834 8	0.721 2	0.860 8
	湖南	1.109 1	1.160 0	1.446 5	1.107 2	1.211 2	1.132 4	1.194 4
	广东	0.850 3	0.871 2	1.462 3	0.807 0	0.844 5	0.858 3	0.948 9
	重庆	1.080 5	1.000 9	0.954 0	1.064 1	1.047 4	0.925 5	1.012 1
	四川	1.033 1	1.092 9	1.133 0	1.069 2	1.045 9	1.001 4	1.062 6
	贵州	1.613 2	1.617 3	3.170 1	1.426 0	1.510 1	1.437 5	1.795 7
	陕西	0.910 9	0.950 4	1.829 5	0.981 0	1.042 1	1.007 9	1.120 3
	甘肃	0.469 3	0.530 7	0.741 1	0.523 1	0.580 8	0.503 4	0.558 0
规模优势	河北	0.034 7	0.028 9	0.038 9	0.033 1	0.032 8	0.033 6	0.033 7
	内蒙古	0.051 9	0.052 4	0.089 6	0.040 8	0.045 7	0.040 7	0.053 5
	辽宁	0.364 3	0.314 0	0.095 4	0.282 8	0.239 2	0.312 0	0.268 0
	黑龙江	0.334 1	0.347 9	9.569 5	0.303 2	0.286 1	0.303 0	1.857 3

续表

		2009年	2010年	2011年	2012年	2013年	2014年	平均值
	安徽	0.141 8	0.153 7	0.246 1	0.159 7	0.196 9	0.230 8	0.188 2
	福建	3.803 9	3.696 7	0.748 0	3.393 0	3.545 4	3.719 9	3.151 2
	山东	0.526 8	0.295 7	0.281 4	0.405 4	0.408 4	0.303 4	0.370 2
	河南	0.987 4	1.118 4	1.790 6	0.970 7	1.032 4	1.033 2	1.155 5
	湖北	0.930 5	0.665 3	1.257 7	0.711 3	0.660 2	0.579 4	0.800 7
	湖南	1.453 6	1.475 6	1.996 5	1.392 0	1.431 7	1.426 0	1.529 2
	广东	0.631 5	0.622 4	3.161 3	0.519 1	0.491 3	0.534 9	0.993 4
	重庆	1.663 2	1.356 8	0.935 2	1.206 4	1.317 0	1.351 7	1.305 0
	四川	1.352 9	1.215 3	1.780 2	1.188 7	1.147 8	1.092 3	1.296 2
	贵州	4.849 7	4.891 3	9.706 7	5.047 6	5.097 8	4.707 5	5.716 8
	陕西	1.084 9	0.968 8	7.874 2	1.042 0	0.924 6	0.921 0	2.135 9
	甘肃	0.111 4	0.102 3	0.286 3	0.089 9	0.096 8	0.072 6	0.126 5
	河北	0.764 8	0.747 4	0.855 0	0.817 1	0.876 2	1.328 0	0.898 1
	内蒙古	1.514 2	1.950 8	1.939 6	2.108 6	1.892 7	1.872 5	1.879 7
	辽宁	1.151 0	1.126 8	1.286 8	1.340 5	1.394 7	1.458 1	1.293 0
效率优势	黑龙江	1.018 3	1.181 4	1.148 9	1.242 3	1.218 0	1.253 6	1.177 1
	安徽	1.270 7	1.232 2	1.272 0	1.277 1	1.252 2	1.222 8	1.254 5
	福建	0.949 1	0.872 7	0.993 8	1.001 5	1.038 2	1.061 6	0.986 2
	山东	1.151 9	1.239 4	1.234 6	1.227 0	1.298 1	1.251 8	1.233 8
	河南	1.196 8	1.061 0	1.104 0	1.158 3	1.225 2	1.182 4	1.154 6
	湖北	0.876 8	0.865 9	0.953 0	0.901 5	0.924 3	0.907 2	0.904 8

续表

		2009年	2010年	2011年	2012年	2013年	2014年	平均值
	湖南	1.015 4	1.031 7	1.107 9	1.043 3	1.068 2	1.063 3	1.055 0
	广东	0.957 5	1.030 3	1.083 7	1.136 1	1.159 6	1.182 6	1.091 6
	重庆	0.842 7	0.824 5	0.918 7	0.947 6	0.930 2	0.877 6	0.890 2
	四川	0.925 2	0.991 7	0.959 2	1.034 1	0.967 4	1.019 6	0.982 9
	贵州	0.897 6	0.910 6	0.765 1	0.745 5	0.795 2	0.805 6	0.819 9
	陕西	0.914 1	0.976 8	1.011 0	1.082 9	1.131 0	1.085 4	1.033 5
	甘肃	1.305 8	1.459 8	1.558 3	1.550 9	1.647 4	1.512 4	1.505 8
效益优势	河北	0.801 3	0.843 8	0.864 9	0.929 4	0.866 3	1.157 7	0.910 6
	内蒙古	1.037 0	1.495 6	1.386 3	1.327 0	1.092 0	1.403 0	1.290 2
	辽宁	0.965 5	0.782 2	1.175 2	1.148 5	1.081 6	1.172 7	1.054 3
	黑龙江	0.816 1	1.310 1	1.079 6	1.047 3	1.096 8	1.041 6	1.065 2
	安徽	0.872 4	1.235 5	1.064 1	1.083 4	0.894 2	0.977 8	1.021 2
	福建	1.051 5	0.734 6	0.995 1	0.861 6	1.110 0	1.016 0	0.961 5
	山东	1.225 6	1.154 6	1.172 0	1.135 0	1.519 5	0.970 4	1.196 2
	河南	1.034 1	1.034 3	1.216 1	1.560 0	1.398 9	1.008 1	1.208 6
	湖北	0.884 4	0.872 0	1.020 3	0.948 6	0.953 2	0.713 6	0.898 7
	湖南	0.924 4	1.025 2	1.368 2	0.934 5	1.161 9	0.957 6	1.062 0
	广东	1.016 8	1.031 4	0.912 7	0.891 2	1.057 4	0.999 4	0.984 8
	重庆	0.900 0	0.896 3	1.010 7	1.054 0	0.937 8	0.668 2	0.911 2
	四川	0.880 8	1.083 0	0.851 9	0.994 4	1.030 4	0.901 7	0.957 0
	贵州	0.964 4	0.949 7	0.416 5	0.770 7	0.849 5	0.783 2	0.789 0

续表

	2009年	2010年	2011年	2012年	2013年	2014年	平均值
陕西	0.762 1	0.907 2	0.769 2	0.836 6	1.082 2	1.024 2	0.896 9
甘肃	0.710 4	1.000 9	0.912 3	1.026 3	1.228 9	1.161 6	1.006 7

4.5.4 优势农产品薯类区域比较分析

四川的油菜综合优质指数为 1.507 7，在全国范围内具有综合优势，其在规模优势、效率优势和效益优势指数均大于1，在种植面积、产量和净产值方面均具有相对优势。其他地区来看，在综合优势方面，内蒙古、山东、湖北、重庆、贵州、云南、甘肃、青海和宁夏在全国具有优势，重庆、青海和四川位居前三；种植规模方面，内蒙古、重庆、云南、贵州、陕西、甘肃、青海和宁夏具有规模优势，其中，排名前三的是重庆、贵州和宁夏；产量方面，河北、辽宁、黑龙江、山东、重庆、青海和新疆具有效率优势，排名靠前的是山东、辽宁和新疆；在净产值方面，山东、湖北、重庆、贵州、云南、青海和新疆具有效益优势，其中，排名靠前的是重庆、山东和湖北。

表 4-28 四川优势农产品薯类与其他地区优势比较

		2011年	2012年	2013年	2014年	平均值
综合优势	河北	0.909 3	0.725 4	0.817 5	0.810 9	0.815 8
	山西	0.671 3	0.727 0	0.785 1	0.785 7	0.742 3
	内蒙古	1.018 3	0.967 7	1.139 8	1.115 8	1.060 4
	辽宁	0.806 4	0.798 5	0.772 6	0.899 2	0.819 1
	黑龙江	0.788 8	0.664 6	0.669 5	0.659 2	0.695 5

续表

	2011年	2012年	2013年	2014年	平均值
山东	1.363 7	1.197 5	1.185 6	1.216 3	1.240 8
湖北	1.088 7	0.973 6	0.982 4	1.052 1	1.024 2
重庆	2.358 6	2.273 6	2.062 8	2.222 6	2.229 4
四川	1.736 7	1.567 9	1.314 9	1.411 5	1.507 7
贵州	1.434 5	1.175 0	1.499 6	1.657 8	1.441 7
云南	1.301 6	1.150 7	1.163 9	1.277 7	1.223 5
陕西	0.399 2	0.815 5	0.808 6	0.607 4	0.657 7
甘肃	1.246 8	1.206 1	1.347 7	1.369 6	1.292 6
青海	1.488 0	1.673 4	1.540 2	1.644 1	1.586 4
宁夏	1.149 9	1.088 5	1.104 5	1.017 6	1.090 1
新疆	0.642 8	0.589 0	0.628 9	0.632 8	0.623 4
河北	0.562 0	0.559 7	0.557 8	0.546 9	0.556 6
山西	0.922 9	0.919 0	0.925 1	0.930 9	0.924 5
内蒙古	1.844 5	1.751 5	1.558 6	1.363 8	1.629 6
辽宁	0.365 3	0.358 2	0.344 3	0.381 0	0.362 2
黑龙江	0.373 2	0.368 9	0.403 0	0.365 2	0.377 6
山东	0.403 6	0.414 6	0.415 8	0.430 7	0.416 2
湖北	0.690 8	0.682 1	0.687 1	0.704 5	0.691 1
重庆	3.835 5	3.829 2	3.791 4	3.806 0	3.815 5
四川	2.309 4	2.325 7	2.352 8	2.417 0	2.351 2

规模优势

95

续表

		2011年	2012年	2013年	2014年	平均值
	贵州	3.311 7	3.262 4	3.195 9	3.168 5	3.234 6
	云南	1.732 4	1.751 9	1.695 4	1.733 4	1.728 2
	陕西	1.425 7	1.375 5	1.444 6	1.443 2	1.422 3
	甘肃	3.013 6	3.072 4	3.087 7	3.009 2	3.045 7
	青海	2.929 3	2.776 4	3.095 9	3.104 9	2.976 6
	宁夏	3.246 0	3.196 0	3.128 6	2.619 0	3.047 4
	新疆	0.172 3	0.100 4	0.107 8	0.119 6	0.125 0
效率优势	河北	1.051 5	1.125 3	1.138 6	1.045 9	1.090 3
	山西	0.427 4	0.451 7	0.509 1	0.550 9	0.484 8
	内蒙古	0.771 3	0.731 7	0.884 7	0.797 9	0.796 4
	辽宁	2.128 3	1.638 9	1.420 1	1.670 6	1.714 5
	黑龙江	1.463 6	1.473 6	1.086 1	1.189 6	1.3032
	山东	2.126 8	2.046 4	2.065 6	2.017 1	2.064 0
	湖北	0.894 6	0.846 6	0.849 4	0.808 9	0.849 9
	重庆	1.076 6	1.097 1	1.103 3	1.108 1	1.096 3
	四川	0.991 4	1.061 6	1.041 2	1.049 3	1.035 9
	贵州	0.713 6	0.692 2	0.756 0	0.822 5	0.746 1
	云南	0.768 0	0.749 1	0.847 1	0.766 2	0.782 6
	陕西	0.668 1	0.702 6	0.695 6	0.724 2	0.697 6
	甘肃	0.919 7	0.943 6	0.942 5	0.933 9	0.934 9

续表

	2011年	2012年	2013年	2014年	平均值
青海	1.139 7	1.048 2	1.031 7	1.036 9	1.064 1
宁夏	0.539 5	0.528 0	0.549 9	0.636 2	0.563 4
新疆	1.383 0	1.270 7	1.423 6	1.778 4	1.463 9
河北	1.272 3	0.606 2	0.860 3	0.932 2	0.917 8
山西	0.767 0	0.925 8	1.027 5	0.945 8	0.916 5
内蒙古	0.742 3	0.707 1	1.074 0	1.276 6	0.950 0
辽宁	0.674 5	0.867 2	0.943 0	1.142 2	0.906 7
黑龙江	0.898 5	0.539 9	0.685 6	0.659 4	0.695 9
山东	2.954 7	2.023 8	1.940 6	2.070 9	2.247 5
湖北	2.087 9	1.598 2	1.624 5	2.044 0	1.838 6
重庆	3.177 4	2.797 5	2.098 3	2.603 5	2.669 2
四川	2.287 8	1.561 2	0.928 0	1.108 8	1.471 4
贵州	1.249 1	0.718 4	1.395 9	1.748 4	1.278 0
云南	1.657 3	1.160 9	1.097 9	1.570 3	1.371 6
陕西	0.066 8	0.561 3	0.526 1	0.214 4	0.342 1
甘肃	0.699 3	0.605 2	0.841 2	0.914 1	0.765 0
青海	0.986 9	1.610 0	1.144 0	1.380 4	1.280 3
宁夏	0.868 2	0.764 3	0.783 2	0.632 3	0.762 0
新疆	1.114 4	1.601 6	1.621 7	1.191 5	1.382 3

效益优势（行标题，纵排，覆盖河北至新疆各行）

第5章
四川省优势农产品发展特点
及发展方向

通过分析四川省区域农产品比较优势的影响因子，构建区域农产品比较优势分析模型，确定了四川省优势农产品主要有：水稻、薯类、油菜、豆类、茶叶和烤烟，豆类的规模不具优势，而极大的效率优势，致使其综合优势大于1，其他的优势农产品均是规模优势、效率优势和综合优势均大于1。农业发展是四川省重要的经济来源，占就业和产出的很大比例。农业对于四川经济至关重要，以往农产品的比较优势变动分析表明，部分农产品比较劣势转为了优势，有些农产品的比较优势不断加强。深入分析我省优势农产品的发展特点及影响因素，把握农产品比较优势的变化特征和发展规律，对四川省制定针对性的农业对策，促进农产品贸易长远发展有着重要意义。

5.1 四川省农业资源的发展变化

农业资源是农业自然资源和农业经济资源的总称，包括人们从事农业生产或农业经济活动所利用的各种资源[1]。把握

---

[1]农业部农业生态与资源保护总站成立加强农田监测.中国城市低碳经济网

农业资源开发利用变化特征，合理利用农业资源、适度开发农业资源，是最大化发挥农产品生产优势，进行农业可持续化生产的必要前提，对提高农民生活水平有着十分重要的意义，同时对四川省完成从农业大省转向农业强省的总目标亦有着十分重要的意义[1]。西南片区一直是我国较为典型的生态脆弱地区和欠发达区，其地形地貌复杂，土地资源总量大、人均占有量少，人地矛盾突出，土地资源分配差异显著[2]。西南片区中的四川地处长江上游，包含了川西北生态示范区、成都平原经济区、攀西经济区、川南经济区和川东北经济区。辖区面积48.6万平方千米。其地势西高东低，河流较多，水资源评价面积大，河流分属7个水资源二级区，以长江水系为主，但水资源分配不均，水资源利用率不高[3]。具备多种多样的气候类型和极其丰富的生物资源，但宜农耕地后备资源缺乏，较大部分的土地难以开发利用，总体开发利用的程度和生产力水平不高[4]。四川也是我国草原沙化、退化以及荒漠化严重地区之一，是全国水土流失最为严重的区域。水土流失严重，自然灾害频繁，已成为制约四川经济社会可持续发展的主要因素[5]。目前，四川省农业资源主要包含以下几个变化特征：

---

①符华平.基于生产要素视角的四川农业供给侧结构性改革研究[D].成都：四川师范大学，2018.

②祖健,张蚌蚌,孔祥斌.西南山地丘陵区耕地细碎化特征及其利用效率：以贵州省草海村为例[J].中国农业大学学报,2016,21（1）：104-113.

③马历,唐宏,冉瑞平,肖月洁.四川水资源压力与耕地利用效益变化的格局及耦合关系[J].中国农业资源与区划,2019,40（11）：9-19.

④邓良基,张世熔,李登煜,等.四川土地资源的现状及问题分析（续).四川农业大学学报,1999,17（3）：313-316.

⑤杨永.刍议四川省自然灾害及减灾对策[J].农家致富顾问，2017（10）：124.

5.1.1 耕地占用率仍呈降低趋势

近年来，四川省耕地占用率呈降低趋势。一方面，虽然全国建设用地总量较前两年已有明显下降。但四川省由于基础设施建设力度加大，建设用地总量呈增长趋势，2018年新增建设用地指标30.4万亩（1亩≈1/15公顷），连续三年全国第一。另一方面，因四川是全国水土流失最为严重的区域，是长江上游生态屏障建设的重点地区，生态退耕于四川对环境的保护意义重大，生态退耕仍是耕地面积减少的主要因素。在确保必须的耕地面积，确保全国1.2亿公顷耕地保有量的"红线"，严格管理、加大耕地保护和耕地补充力度的同时，科学、合理地确定每年的生态退耕数量，亦是一个不容忽视的重要因素。1999年，四川省在全国率先启动实施退耕还林工程，到2017年底，全省累计完成退耕还林面积3 142.3万亩，其中退耕地还林1 495.97万亩，荒山荒地造林和封山育林1 646.33万亩。经过全省上下近20年的努力，退耕还林工程取得了显著成效，为长江上游生态屏障建设做出了重要贡献。

5.1.2 水资源质量状况有较为明显的改善，呈现稳中趋好的良好势头

四川水资源丰富，居全国前列。全省平均降水量约为4 889.75亿立方米。水资源以河川径流最为丰富，境内共有大小河流近1 400条，号称"千河之省"。但时空分布不均，形成区域性缺水和季节性缺水；水资源以河川径流最为丰富，但径流量的季节分布不均，大多集中在6—10月，洪旱灾害时有发生；河道迂回曲折，利于农业灌溉；天然水质良好，但部分地区也有污染。目前，四川省废污水排放总量逐年减少，2018年四川省污

水排放量为 224 160 万立方米[1]。

5.1.3　生态体系逐步平衡，水土流失基本控制，生态环境明显改观

四川因其地理位置处于长江流域上游，水土流失量大面广，水土流失情况较全国其他地区严重。不计冻融侵蚀面积，全省水土流失面积有 15.65 平方千米，（占全省土地总面积的 32%），风蚀面积 0.6l 万平方千米，水蚀面积 15.04 万平方千米。金沙江沿岸地区、东部地区以及盆地中部地区是水土流失的主要地区。在这几年，为治理水土流失、建设长江上游生态屏障，四川省实施了长江上游水土保持重点防治工程、国债水土保持重点防治工程等"长治"工程，积极开展了水土流失综合治理、水土保持和生态自我修复工作，切实加强水土保持预防监督和生态环境监测，如今生态环境建设成效与状况改观明显，水土流失基本得到控制。同时，基本农田和植被覆盖度明显增加，水利工程和河流泥沙淤积减少，旱洪等自然灾害频率逐步降低，生态系统趋于平衡，四川省农村经济发展和生态环境建设的良性循环得到促进[2]。

5.2　四川省优势农产品的影响因素分析

四川是水稻生产大省和消费大省，面积、产量、产值居全国各省前茅，西部第一。2009—2014 年间，四川水稻的规模优势值、效率优势值和综合优势值均大于 1，与全国比较均处于优势地位。在综合优势方面，四川水稻的优势高于广东、贵州和安

---

①数据来源为：中国城市统计年鉴 2018。

②张素兰，王昌全，高成凤. 四川省农业资源开发利用变化特征[J]. 西南农业学报，2007，20（4）：676–680。

徽，与黑龙江、福建和重庆基本上相当。四川拥有盆西平原及盆中高、中档优质稻区，攀西安宁河流域高档优质稻区，川东南再生稻、地方特种稻区和川东北地方特种稻区等四大优势区域。因其自然气候条件好，水稻品种资源丰富，生产技术先进，科技含量高，优质稻产业化开发能力强，2010年优势区域内水稻全部实现优质化，市场上中、高档米基本实现本地化，并带动周边类似地区发展国标三级以上的优质稻及优质地方特种稻[①]。四川省地形地貌特殊，很多地区对自然气候的依赖性很强，因此光、热、水的变化均对四川省的农业生产有较大影响[②]。四川省水稻孕穗到抽穗期大都集中在7月初到8月上旬，该时段处于汛期，降水多，日照充足，其大部区域水稻空壳率与孕穗到抽穗期温度、降水量成负相关;穗粒数与孕穗到抽穗期最低气温和降水量成正相关;千粒重与抽穗期到成熟期温度成负相关[③]。

全国薯类农产品中，具有综合优势的有11个，所占比例为35.48%，其中四川排名第五，比全国平均水平高0.66[④]。四川薯类种植区域主要集中在川西北高原地区和盆周山区，这类地区自然条件好，海拔梯度明显，可实现薯类种植周年供应[⑤]。赵颖文等通过对四川省粮食生产比较优势测评得出四川薯类种植属于典型高规模—高效率模式的结论，其规模比较优势尤为凸显，效率

①滕彩元、杨祥禄、陈彦、李华.四川省优势农产品区域布局研究[J].中国农业资源与区划，2004（4）：4-7.

②陈淑全、罗富顺、熊志强，等.四川气候[M].成都：四川科学技术出版社，1997：139-142.

③张玉芳、刘琰琰、赵艺，等.四川水稻产量及其构成要素对不同生育期气候因子的响应分析[J].西南农业学报，2016，29（6）：1459-1464.

④雷波、唐江云、向平，等.四川农产品比较优势综合分析[J].中国农学通报，2015，31（3）：282-290.

⑤崔阔澍、冯宇鹏、贺娟、蒋艺、冯泊润.四川薯类产业发展的新路径及对我国现代薯业转型升级的借鉴[J].中国农技推广，2020，36（2）：5-8.

比较优势同样高于全国平均水平，促使薯类综合比较优势指数随时间推移持续增强[1]。然而四川薯类单产低，技术比较优势指数低，影响四川薯类发展的主要原因归咎于四川薯类种植是农户小规模种植，种植收益低，没有形成规模化，技术水平低[2]。

四川省是长江流域油菜优势发展区域，常年油菜种植面积80.4万~100.5万公倾，位居全国第三;总产量在180万~220万吨，位居全国第二；消费总量约占国内消费的25%，但是从整体来看，四川油菜生产规模没有达到最佳状态，导致综合效率无效，实际单产低于潜在水平；另投入结构失衡程度较为严重，人工成本冗余量大[3]。和薯类作物面临的情况相似，在耕地面积受约束、资源短缺、资金来源不足等条件下，降低油菜种植的单位成本，提高生产效率是提高四川油菜竞争力的有效途径之一。

作为我国产茶圣地之一，全国出品的十大名茶中，四川的茉莉花茶榜上有名，而全国的名优茶，四川名茶也近四十余种，其中省外较为知名的有：峨眉毛峰、蒙顶甘露、青城雪芽，省内著名的还有峨眉竹叶青、蒙顶黄芽、邛崃文君茶、广安松针、香山贡茶等。2019年四川茶园面积达575万亩，产量突破30万吨，在总量较大的情况下，增幅仍达到了13.67%，增速排名全国第四。然而四川面临着产量高、出口低的困境[4]，主要影响茶叶出口的原因包括：①生产工艺粗糙、管理水平低下。②总体缺乏品牌经营意识，品牌建设跟不上需要。③产品单一，无法满

---

①赵颖文，吕火明.四川省粮食生产比较优势测评及主要影响因素分析[J].农业经济与管理，2019，（5）：64-73.

②吕火明，杨锦秀.四川薯类产业发展的技术经济分析[J].西南农业学报，2011，24（5）：1997-2003.

③唐江云，刘永波，曹艳，向平，雷波.基于扩展DEA模型的四川省油菜生产效率研究[J].中国农学通报，2016，32（35）：214-221.

④童林林."一带一路"背景下高校层面西班牙语人才培养与地方优势产业结合发展策略探究——以四川茶叶产业为例[J].教育教学论坛，2020（39）：292-294.

足趋于多元化的茶类结构需求。④缺乏可开拓国际市场的外贸人才[1]。

四川也是中国重要的植烟区，主要产烤烟和白肋烟。外观整体颜色为"橘黄"和"柠檬黄"，数凉山彝族自治州、攀枝花和宜宾烤烟外观质量较优，整体质量较好，化学含量适宜。综合优势分析表明，四川烤烟优势仅高于河南，多个年份出现投入过剩和产出不足的现象；DEA分析表明，2009年之后，四川烤烟综合效率、技术效率和规模效率均成有效状态。但是烤烟的种植与生产也同样面临巨大难题，包括：①烟叶种植风险大，极易受自然灾害影响，比较经济效益低。②生产方式落后。③未处理好可持续生产的问题。

5.3 提升四川省优势农作物生产比较优势对策与建议

想要保持四川省优势农作物高位生产的难度愈发增加，如果不及时地做出相应的调整，原有的优势将有可能呈现出持续趋弱趋势。为了继续发挥优势农产品在四川省农业发展中的重要支撑作用，因势利导地调整优势农作物发展战略，建议从以下三方面巩固发展四川省优势农产品。

5.3.1 调整和优化种植结构，尤其是要凸显四川省优势产业特色

因为四川省地处我国内陆，农作物的种植技术和经济的发展水平都相对落后。其独特的地理资源分布和较少的人均耕地占有面积导致很多粮食作物如谷物作物等与黑龙江、山东等粮食主产

---

①王小兰，陈蜀燕.四川茶叶出口现状、问题及对策思考[J].商场现代化，2008（26）：201-202.

省份的种植相比明显不占优势。2019年经调查发现，四川的小麦、水稻增产停滞，种植比例下降显著，但玉米扩面增产明显[1]。因此，想要适应居民消费转型升级的趋势，则应对四川省种植结构进行优化和调整（如推广"玉米/大豆"的带状复合种植，适当增加玉米和豆类的产量），进而缓解养殖业饲料缺口不断上升难题。要发挥优势农产品在四川省农业发展中的战略性地位，如薯类在耕地资源短缺和水资源紧缺情况下，为促进全省粮食增产做出了重要贡献。目前四川多个地区形成的较成熟的薯类产业链组织模式，为推动薯类产业在西部乃至全国进一步巩固产业优势地位创造了良好的条件。即使在人们对饮食健康与食品多元化追求日益提升的今天，四川省薯业未来发展仍有较大的潜力[2]。四川要在尽可能确保农作物基本自给，食物绝对安全基础上，选择与其他省（区）差别化发展路径，突出自身农产品种植区域比较优势，不断强化优势农产品种植科技支撑与社会化服务力度，提升种植效率优势和种植效益，缓解农作物生产水土资源消耗压力。

5.3.2　抓化肥、农药"双减"，提升绿色生产水平

化肥、农药"双减"对农业绿色发展意义重大。目前可以采用的方式包括：

1.减少化肥施用量，推广使用新型化肥

随着我国化肥工业的逐步成熟，价格亲民的增效肥料、缓控释肥料开始进入全国推广阶段。新型化肥有着较高的施用效率，既保证了作物产量，又减少了化肥的用量。

---

①金涛.中国粮食作物种植结构调整及其水土资源利用效应[J].自然资源学报，2019，34（1）：14–25.

②李红霞，汤瑛芳，沈慧.甘肃马铃薯省域竞争力分析[J].干旱区资源与环境，2019，33（8）：36–41.

2.通过对施肥技术进行改进，提高肥料利用率

改进技术的措施包括：对化肥使用的时期、位点和专用性进行评估，加强测土配方施肥工作，推广作物专用肥，把化肥用在关键时期；研究根际施肥技术，减少化肥流失或者面源污染。

3.在确保优势农作物产量的前提下，降低农药用量。不施用高毒、高残留的农药，成立健全专业的病虫害防治队伍，施药以预防为主，适时适量用药，一药多治、混用兼治。大力推广生物友好、防治前沿的控害技术，如：频振式杀虫灯、性诱剂诱杀技术等。

4.绿色有机产品必须满足国家标准的生产要求，全程实施病虫草害非化学药剂防控技术。

5.3.3　强化科技在农作物生产过程中的支撑作用

科技对于优势农作物生产振兴有着重要支撑作用，应努力提升其贡献度。四川省的优势农作物规模增长空间在其日渐严峻的耕地资源和水资源的约束下受到了限制。如果想要提升农作物生产综合的比较优势，就必须提升其生产的效率，将提升农作物单产内涵式发展作为主攻方向，鼓励和引导社会资本参与生产科技创新与推广应用，增加科技对提升农作物种植效率的贡献率，走资源节约型增产之路。如运用农业生态循环技术妥善处理农作物与生态资源环境间的关系：推广应用现代农业中提倡的有机肥（药）代替化肥（药）；种植绿肥，秸秆过腹还田、秸秆腐熟还田；提升土壤有机质，推动作物生产向高质量发展[①]；防止过度使用化肥、农药（膜）污染土地及超采地下水、过度开发农业资源的行为。开发农业资源。尽快建立符合四川省的农作物绿色发展科技创新体系，运用科学技术显著提升农作物效率比较优势，

———————

[①]王济民，张灵静，欧阳儒彬.改革开放四十年我国粮食安全：成就、问题及建议[J].农业经济问题，2018（12）：14-18.

着力解决农作物生产过程中的节本、增效、安全、提质等一系列问题，走出一条科技支撑的资源节约型增产之路。

5.4　四川省优势农产品发展方向

5.4.1　进一步突出地域特色

四川省优势农产品的发展彰显了区域特色，应最大限度地发挥区域优势，优化农业结构，提高农产品竞争力，增加农民收入，促进区域经济发展。为落实"十三五"规划的发展要求，切实践行创新、协调、绿色、开放、共享发展理念，四川省农业厅起草了《全国农业现代化规划（2016—2020年）四川实施方案》（下文简称《规划》），为四川省的农业发展提供指导。《规划》强调了促进特色优势农产品、特殊区域农业发展的重要性。建议革命老区、民族地区农牧业以优势特色农业为主攻方向，突出改善生产设施，建设特色产品基地，保护与选育地方特色农产品品种，推广先进适用技术，提升加工水平，培育特色品牌，形成市场优势。高原藏区以生态保育型农业为主攻方向，稳定青稞生产，适度发展蔬菜生产，积极开发高原特色农产品，扩大饲草料种植面积，发展农畜产品加工业，保护草原生态，努力建成重要的高原特色农产品基地。

5.4.2　进一步提高技术装备和信息化水平

（1）四川省对自主创新能力的要求进一步提高。目前，四川省深化农业科技体制改革，对企业在技术创新中的主体地位进一步强调。一批重点科技计划开始实施，希望在具有自主知识产权的重大技术及装备上有新的突破。对技术集成创新的进一步强化提出要求，要求深入开展粮棉油糖绿色增产模式攻关和绿色高产高效创建，加强盐碱地改造、沙化草原治理等技术模式攻关。对农业重点学科实验室、科学实验站（场）研究条件进一步改善，推进现代农业产业技术体系的建设，打造现代农业产业科技创新中心。同时四川省实施农业科研杰出人才培养计划，建设省级农业科技创新联盟，促进了现代农业生物技术健康发展，加强了对生物安全的监管。

5.4.3 进一步推进现代种业创新发展

为推进主要农作物新一轮品种的更新换代，加强分子设计育种、高效制繁种和杂种优势利用等关键技术研发，培育和推广适应机械化生产的、多抗广适的和高产优质的突破性新品种；建设畜禽良种的繁育体系，完善良种繁育基地的设施条件，建立健全良种繁殖程序和繁育体系，推进联合育种和全基因组等现代生物学育种方式选择育种，加快本品种选育和新品种培育，推动主要畜禽品种国产化。提升我国渔业种业方面的创新能力，建设水产种质资源保护库、育种创新基地、种质资源场、品种性能测试中心。对种质资源普查、收集、保护与评价利用进行加强。进一步推进种业领域科研成果权益改革，培育具有国际竞争力的现代种业企业。

5.4.4 增强科技成果转化应用的能力

健全农业科技成果使用、处置和收益管理制度，深化基层农业科技（以下简称农技）推广体系改革，完善科技推广人员绩效考核和激励机制，构建以基层农技推广机构为主导、科研院校为支撑、农业社会化服务组织广泛参与的新型农技推广体系，探索建立集农技推广、保险推广、信用评价、营销于一体的综合性公益农业服务组织。加强农业知识产权的保护和应用。建设全国农业科技成果转移服务中心，推行科技特派员制度，推进国家农业科技园区建设。

5.4.5 促进农业机械化提档升级

提升粮食作物生产过程中的机械化质量，提高机械栽插和收获的水平，尽快突破棉油糖牧草等作物生产全程机械化和丘陵山区机械化制约瓶颈。推进农机深耕深松作业，力争粮食主产区年度深耕深松整地面积达到30%左右。积极发展农业机械化，发展农用航空，提升设施农业、病虫防治装备水平。

5.4.6 推进信息化与农业的融合

要求加快实施"互联网+"现代农业行动，加强物联网、智能装备在农业生产过程中的应用，对推进信息进村入户，提升农民手机应用技能进一步重视，开始建设全球农业数据调查分析系统，定期发布重要农产品供需信息，基本建成集数据监测、分析、发布和服务于一体的国家数据云平台。除此以外对农业遥感基础设施建设进一步加强，并建立重要农业资源台账制度，健全农村固定观察点调查体系。

5.4.7 进一步提升农业可持续发展水平

（1）进一步严格落实耕地保护制度。严控新增建设用地占用耕地的情况，坚守耕地的红线。完善耕地占补平衡的制度，探究重大建设项目统筹补充耕地的办法，大力实施农村土地整治，推进耕地数量、质量和生态"三位一体"的保护。

（2）节约高效用水。目前四川省在生态环境脆弱区、水资源开发过度区和粮食主产区、重点地区加快实施田间高效节水灌溉工程，推进农业灌溉用水总量控制和定额管理，完善雨水集蓄利用等设施。同时推进农业水价综合改革，通过建立节水奖励和精准补贴机制，增强农民的节水意识。加强和加大人工影响天气能力的建设和雨水资源开发利用的力度。

（3）加强林业和湿地资源保护。进一步推进林业重点生态工程建设，搞好天然林保护，严格执行林地、湿地保护制度。开展对湿地的保护和恢复，加强其自然保护区建设。继续推进退耕还林、退耕还湿。

（4）对草原生态进行修复。要求加快基本草原划定和草原确权的承包工作，全面实施禁牧休牧和草畜平衡制度，落实草原生态保护补助奖励政策。继续推进退牧还草、退耕还草、草原防灾减灾和鼠虫草害防治等重大工程，建设人工草场和节水灌溉饲草料基地，扩大舍饲圈养规模。合理利用农区草地资源，保护农区高山草甸生态。

（5）强化渔业资源养护。建立水生生物自然保护区和水产种质资源保护区，对水生生物产卵场、索饵场、越冬场和洄游通道等重要渔业水域实行恢复性保护，对渔业资源进行可持续、可循环的利用，建设人工鱼礁，扩大增殖流放规模。同时加强渔业资源调查，健全渔业生态环境监测网络体系，实施渔业生态补偿。

（6）对生物多样性进行维护。加强对农业野生植物资源和畜禽遗传资源的保护，完善野生动植物资源监测体系和保存体系，开展濒危动植物物种的专项救护，遏制生物多样性减退速度。强化外来物种入侵和遗传资源丧失防控。

（7）实施农药减量控害行动。推广绿色防控技术，推广使用高效、低毒、低残留的农药，开展生物防治和生物农药的应用试点。大力推进病虫害专业化统防统治，推广使用现代高效施药器械，通过科学提高农药的利用率，减少化学农药使用量。

（8）土壤污染防治力度加大。实施土壤环境监测预警基础工程，对农用地土壤污染状况进一步调查，对农用地不同土壤环境质量进行分类，根据不同区域类型的农产品产地重金属污染情况采取对应的防治技术，并集成筛选综合防治技体系。逐步扩大污染耕地治理与种植结构调整试点，启动受污染区域土地修复、轮作和休耕试点，探索休耕期农民补偿机制。有计划、有步骤地做好耕地重金属污染综合治理试点工作，扩大试点范围，推广可复制、可推广的综合防治技术。

（9）开展化肥农药使用量零增长行动。推广减量增效的施肥模式（如水肥一体化、机械深施等），发展装备精良、专业高效的病虫害防治专业化服务组织。

（10）推动无害化处理农业废弃物资源。推进综合利用与无害化处理畜禽粪污，发展厌氧发酵、污水减量、粪便堆肥等生态化治理模式。完善农业废弃物无害化处理设施，构建覆盖从饲养到经营运输整个链条的无害化处理体系。推动秸秆肥料化、能源化、饲料化、基料化、原料化应用。健全农田残膜回收再利用激励机制，生产和使用厚度0.01毫米以上的地膜。

（11）更加重视环境突出问题治理。四川省积极推广应用低污染、低消耗的清洁种养技术，加强农业面源污染治理；控制源头、拦截过程、治理末端、循环利用。对耕地重金属污染综合治理，严格监测产地污染，推进分类管理，开展修复试点。在如地下水漏斗区、重金属污染区、生态严重退化地区等地区实行耕地轮作休耕制度试点。

第6章
基于DEA模型的四川省优势农产品比较效益分析

6.1 DEA效率计量模型理论

DEA方法是由 Charnes 等[1]人提出的数据驱动型（Data-driving）方法，避免了确定权重时的主观性[2]。DEA原理主要是通过保持决策单元（DMU，decision making units）的输入或者输出不变，借助于数学规划和统计数据确定相对有效的生产前沿面，将各个决策单元投影到DEA的生产前沿面上，并通过比较决策单元偏离DEA前沿面的程度来评价各DMU的相对有效性[3]。但一般的DEA模型无法对有效的决策单元开展进一步分析，Andersen

[1]Charnes A，Cooper W W，Rhodes E. Measuring the efficiency of decision making units[J].European Journal of Operational Research,1978,2：429–444.

[2]闵锐.粮食全要素生产率：基于序列DEA与湖北主产区县域面板数据的实证分析[J].农业技术经济,2012（1）：47–56.

[3]王桂波,韩玉婷,南灵.基于超效率DEA和Malmquist指数的国家级产粮大县农业生产效率分析[J].浙江农业学报,2011,23（6）：1248–1254.

等[①]提出的改进的 DEA 模型则弥补了这一缺陷。本研究引入 C^2R 模型及扩展的 DEA 模型，分别见公式（1）和（2）。

$$\min\left[\theta - \varepsilon\left(\sum_{k=1}^{l}s_k^+ + \sum_{r=1}^{m}s_r^-\right)\right]$$

$$s.t\begin{cases}\sum_{j=1}^{n}\lambda_j k_j + s_1^- = \theta x_{01} \\[1mm] \sum_{j=1}^{n}\lambda_j k_j + s_2^- = \theta x_{02} \\[1mm] \vdots \\[1mm] \sum_{j=1}^{n}\lambda_j k_j + s_m^- = \theta x_{0m} \\[1mm] \sum_{j=1}^{n}\lambda_j y_j - s_1^+ = y_{01} \\[1mm] \sum_{j=1}^{n}\lambda_j y_j - s_2^+ = y_{02} \\[1mm] \vdots \\[1mm] \sum_{j=1}^{n}\lambda_j y_j - s_l^+ = y_{0l}\end{cases} \quad（1）$$

①Andersen Per, Petersen N C. Procedure for ranking efficient units in data envelopment analysis[J].Management Science,1993,39（10）：1261-1264.

$$\min\left[\theta - \varepsilon\left(\sum_{k=1}^{l} s_k^+ + \sum_{r=1}^{m} s_r^-\right)\right]$$

$$s.t\begin{cases} \sum\limits_{\substack{j=1 \\ j \neq 0}}^{n} \lambda_j x_j + s_1^- = \theta x_{01} \\[2mm] \sum\limits_{\substack{j=1 \\ j \neq 0}}^{n} \lambda_j x_j + s_2^- = \theta x_{02} \\[2mm] \vdots \\[1mm] \sum\limits_{\substack{j=1 \\ j \neq 0}}^{n} \lambda_j x_j + s_m^- = \theta x_{0m} \\[2mm] \sum\limits_{\substack{j=1 \\ j \neq 0}}^{n} \lambda_j y_j - s_1^+ = y_{01} \\[2mm] \sum\limits_{\substack{j=1 \\ j \neq 0}}^{n} \lambda_j y_j - s_2^+ = y_{02} \\[2mm] \vdots \\[1mm] \sum\limits_{\substack{j=1 \\ j \neq 0}}^{n} \lambda_j y_j - s_l^+ = y_{0l} \end{cases} \tag{2}$$

用原C^2R模型测算DEA效率存在一个显著的问题，就是有效决策单元过多，而无效决策单元过少，为有效解决此问题，引入阿基米德无穷小量。在基于阿基米德C^2R模型中，本研究测算对象是四川油菜，决策单元为2008—2014年7个年份，n代表年份数，m为投入要素指标量，l为产出要素指标量，0代表当前处于测算状态的决策单元。θ为当前处于测算状态的决策单元离有效前沿面的径向优化量或"距离"，在本研究中表示测算当前决策单元的综合效率，当$\theta=1$时，当前决策单元为综合效率有效，当$0<\theta<1$时，综合效率无效。ε为阿基米德无穷小量，本研究中ε

114

0

取 10^{-5}。λ_j 为相对于 DMU_j 重新构造一个有效 DMU 组合中第 j 个决策单元的投入产出的组合比例；s^+、s^- 为松弛变量，用于无效 DMU 单元沿水平或者垂直方向延伸达到有效前沿面的产出要素减少量和产出要素集的增加量。x 和 y 分别为 DMU_j 的输入向量和输出向量。

对于 C^2R 模型，有如下定理：设 DMU_0 为当前决策单元，且 λ、θ 为 C^2R 模型的最优解，则：

（1）DMU_0 为规模收益递增的充分必要条件是 $\theta > 1$ 且 $\sum_{j=1}^{n} \lambda_j / \theta > 1$；

（2）DMU_0 为规模收益不变的充分必要条件是 $\theta = 1$ 且 $\sum_{j=1}^{n} \lambda_j / \theta = 1$；

（3）DMU_0 为规模收益递减的充分必要条件是 $\theta < 1$ 且 $\sum_{j=1}^{n} \lambda_j / \theta < 1$。

基于阿基米德扩展 DEA 模型的各数学符号的经济含义与 C^2R 模型相同，不同之处在于进行第 0 个决策单元效率评价时（0 表示当前决策单元），使第 0 个决策单元的投入和产出被其他所有决策单元投入和产出的线性组合代替，而将第 0 个决策单元排除在外。即一个有效的决策单元可以使其投入按比率增加，其综合效率可保持不变，投入增加比率即为超效率评价值。

对于该模型评价规模效率时，λ 值代表其规模变化，当 $\sum_{j=1}^{n} \lambda_j = 1$ 时，就限定其规模不变；当 $\sum_{j=1}^{n} \lambda_j > 1$ 时，表示规模的扩大。根据 DEA 效率分解原理：综合效率（θ）可以分解为技术效率（δ）和规模效率（s），三者关系为 $\theta = \delta \times s$，当在基于阿基米德投入型 C^2R 模型增加 $\sum_{j=1}^{n} \lambda_j = 1$ 的限制条件，就得到 C^2GS^2 模型，

从而测算出技术效率。DEA 有效的决策单元均分布在一个生产前沿面上，将一个非 DEA 有效的决策单元在生产前沿面上进行投影，可以测算出它与 DEA 有效决策单元的差距，这样可以将一个非有效决策单元修改成有效决策单元，调整公式见公式（3）。

$$\begin{cases} x_0 = \theta x_0 - s^- \\ y_0 = y_0 + s^+ \end{cases} \tag{3}$$

6.2 四川省水稻比较效益分析

6.2.1 2008—2014 年四川水稻与全国区域 DEA 效率比较分析

全国总体来看，四川水稻各年份效率均为有效，规模状态均为规模效率不变，效率排名来看，2008 年位居第五、2009 年位居第一、2010 年位居第一、2011 年位居第一、2012 年位居第一、2013 年位居第一、2014 年位居第一。从各年份来看，2008 年云南、湖南和江西综合效率和规模效率无效，技术效率有效，福建综合效率、技术效率和规模效率均无效，其他地区三效率均有效。规模状态方面，云南、福建和湖南为规模报酬递增，江西为规模报酬递减，其他地区均为规模报酬不变。效率最高的是河南，其次是贵州，效率最差的是福建。2009 年间云南、安徽、重庆和湖南综合效率、技术效率和规模效率均为无效，江苏和江西综合效率和规模效率无效，技术效率有效，其他地区均为综合效率、技术效率和规模效率有效。规模状态方面，云南、重庆和湖南为规模报酬递增，江苏、安徽和江西为规模报酬递减，其他均为规模报酬不变。效率最高的是四川，其次是湖北，效率最差的是重庆。2010年间云南、安徽、重庆和湖南为综合效率、技术效率和规模效率无效，河南和江西综合效率和规模效率无效，技术效率有效，其他地区三效率均为有效。规模状态方面，云南、重庆和湖南为规模报酬递增，安徽、河南和江西为规模报酬递减，其他地区为规模报酬不变。效率最好的是四川，其次是黑龙江，效率最差的是重庆。2011年云南、福建、安徽、贵州、重庆和湖南为综合效率、技术效率和规模效率无效，河南和江西综合效率无效，技术效率有效，其他地区为三效率有效；规模状态方面，云南、福建、贵州、重庆为规模报酬递增，安徽、河南、湖南和江西为规模报酬递减，其他为规模报酬不变。效率最高的是四川，其次是湖北，效率最低的是贵州。2012年云南、福建、安徽为综合效率、技术效率和规模效率无效，贵州和江西综合效率和技术效率有效，规模报酬无效，重庆综合效率和技术效率无效，规模效率有效，其他地区为三效率均有效。规模状态方面，云南、福建、贵州为规模报酬递增，安徽、重庆和江西为规模报酬递减，其他地区为规模报酬不变。效率最好的是四川，其次是河南，效率最低的是重庆。2013年云南、福建、安徽、贵州、重庆、湖南为综合效率、技术效率和规模效率无效，江西为综合效率和规模效率无效，技术效率有效，其他地区三效率有效；规模状态方面，云南、福建、安徽、贵州、重庆为规模报酬递增，江西为规模报酬递减，其他地区为规模报酬不变。效率最高的是四川，其次是河南，效率最差的是湖南。2014年福建、安徽、贵州、重庆和湖南为综合效率、技术效率和规模效率无效，云南和江西为综合效率、规模效率无效，其他地区为三效率有效。规模报酬方面，云南、福建、贵州、重庆和湖南为规模报酬递增，安徽和江西为规模报酬递减，其他地区为规模报酬不变。效率最好的是四川，其次是黑龙江，效率最差的是湖南。

表6-1 四川优势农作物水稻与全国各地DEA效率比较分析

		全国	四川	云南	福建	江苏	安徽	湖北	河南	贵州	重庆	湖南	黑龙江（粳稻）	江西（晚稻）
2008年	综合效率	0.8940	1.0000	0.9948	0.7303	1.0000	1.0000	1.0000	1.0000	1.0000	1.0000	0.9263	1.0000	0.9269
	技术效率	0.9703	1.0000	1.0000	0.9659	1.0000	1.0000	1.0000	1.0000	1.0000	1.0000	1.0000	1.0000	1.0000
	规模效率	0.9214	1.0000	0.9948	0.7561	1.0000	1.0000	1.0000	1.0000	1.0000	1.0000	0.9263	1.0000	0.9269
	规模状态	1.7656	1.0000	1.3935	2.4098	1.0000	1.0000	1.0000	1.0000	1.0000	1.0000	2.1292	1.0000	0.8436
	超效率	0.8940	1.0796	0.9948	0.7303	1.0090	1.0425	1.1498	1.4150	1.1443	1.0348	0.9263	1.1254	0.9269
2009年	综合效率	0.8900	1.0000	0.8082	1.0000	0.9995	0.9690	1.0000	1.0000	1.0000	0.7985	0.9182	1.0000	0.9352
	技术效率	0.8905	1.0000	0.9115	1.0000	1.0000	0.9740	1.0000	1.0000	1.0000	0.8911	0.9202	1.0000	1.0000
	规模效率	0.9994	1.0000	0.8867	1.0000	0.9995	0.9949	1.0000	1.0000	1.0000	0.8961	0.9979	1.0000	0.9352
	规模状态	1.1220	1.0000	1.4344	1.0000	0.9754	0.9997	1.0000	1.0000	1.0000	1.1222	1.0710	1.0000	0.8854

续表

年		全国	四川	云南	福建	江苏	安徽	湖北	河南	贵州	重庆	湖南	黑龙江（粳稻）	江西（晚稻）
2010年	超效率	0.890 0	1.347 6	0.808 2	1.015 4	0.999 5	0.969 0	1.191 9	1.115 7	1.044 6	0.798 5	0.918 2	1.177 4	0.935 2
	综合效率	0.905 3	1.000 0	0.897 3	1.000 0	1.000 0	0.946 1	1.000 0	0.918 8	1.000 0	0.893 0	0.893 4	1.000 0	0.919 8
	技术效率	0.916 8	1.000 0	0.933 9	1.000 0	1.000 0	0.980 7	1.000 0	1.000 0	1.000 0	0.950 4	0.932 6	1.000 0	1.000 0
	规模效率	0.987 4	1.000 0	0.960 8	1.000 0	1.000 0	0.964 8	1.000 0	0.918 8	1.000 0	0.939 6	0.958 0	1.000 0	0.919 8
	规模状态	1.072 1	1.000 0	1.158 4	1.000 0	1.000 0	0.992 0	1.000 0	0.967 0	1.000 0	1.052 1	1.014 2	1.000 0	0.909 7
2011年	超效率	0.905 3	1.268 3	0.897 3	1.191 2	1.125 3	0.946 1	1.055 7	0.918 8	1.079 8	0.893 0	0.893 4	1.192 0	0.919 8
	综合效率	0.922 6	1.000 0	0.885 5	0.885 5	1.000 0	0.949 1	1.000 0	0.982 8	0.723 9	0.918 0	0.913 5	1.000 0	0.923 6
	技术效率	0.925 5	1.000 0	0.998 5	0.886 5	1.000 0	0.987 7	1.000 0	1.000 0	0.849 6	0.947 4	0.961 5	1.000 0	1.000 0
	规模效率	0.996 9	1.000 0	0.887 0	0.998 8	1.000 0	0.960 9	1.000 0	0.982 8	0.852 1	0.969 0	0.950 1	1.000 0	0.923 6

续表

年份	指标	全国	四川	云南	福建	江苏	安徽	湖北	河南	贵州	重庆	湖南	黑龙江（粳稻）	江西（晚稻）
2012年	规模状态	1.038 5	1.000 0	1.236 8	1.110 5	1.000 0	0.929 0	1.000 0	0.807 1	1.177 1	1.055 5	0.967 8	1.000 0	0.841 1
	超效率	0.922 6	1.344 7	0.885 7	0.885 5	1.154 2	0.949 1	1.170 5	0.982 8	0.723 9	0.918 0	0.913 5	1.096 8	0.923 6
	综合效率	0.909 9	1.000 0	0.856 2	0.864 3	1.000 0	0.920 5	1.000 0	1.000 0	0.969 2	0.922 8	1.000 0	1.000 0	0.940 1
	技术效率	0.916 6	1.000 0	0.939 6	0.870 8	1.000 0	0.934 2	1.000 0	1.000 0	1.000 0	0.922 9	1.000 0	1.000 0	1.000 0
	规模效率	0.992 8	1.000 0	0.911 2	0.992 6	1.000 0	0.985 3	1.000 0	1.000 0	0.969 2	1.000 0	1.000 0	1.000 0	0.940 1
2013年	规模状态	1.111 5	1.000 0	1.236 9	1.169 7	1.000 0	0.962 9	1.000 0	1.000 0	1.086 6	0.970 2	1.000 0	1.000 0	0.952 8
	超效率	0.909 9	1.483 7	0.856 2	0.864 3	1.067 4	0.920 5	1.159 4	1.193 2	0.969 2	0.922 8	1.182 4	1.182 4	0.940 1
	综合效率	0.857 8	1.000 0	0.803 5	0.857 6	1.000 0	0.915 2	1.000 0	1.000 0	0.759 6	0.773 2	0.755 2	1.000 0	0.921 2
	技术效率	0.880 6	1.000 0	0.970 2	0.872 3	1.000 0	0.940 3	1.000 0	1.000 0	0.846 9	0.868 4	0.901 9	1.000 0	1.000 0

续表

年份	指标	全国	四川	云南	福建	江苏	安徽	湖北	河南	贵州	重庆	湖南	黑龙江（粳稻）	江西（晚稻）
	规模效率	0.974 1	1.000 0	0.828 2	0.983 1	1.000 0	0.973 3	1.000 0	1.000 0	0.897 0	0.890 4	0.837 3	1.000 0	0.921 2
	规模状态	1.076 4	1.000 0	1.264 0	1.092 3	1.000 0	1.015 5	1.000 0	1.000 0	1.180 8	1.151 6	1.056 4	1.000 0	0.940 3
	超效率	0.857 8	1.717 1	0.803 5	0.857 6	1.219 3	0.915 2	1.037 8	1.291 4	0.759 6	0.773 2	0.755 2	1.156 8	0.921 2
2014年	综合效率	0.905 1	1.000 0	0.915 7	0.925 9	1.000 0	0.891 6	1.000 0	1.000 0	0.926 5	0.826 5	0.848 7	1.000 0	0.971 0
	技术效率	0.905 3	1.000 0	1.000 0	0.944 7	1.000 0	0.981 2	1.000 0	1.000 0	0.964 1	0.882 2	0.878 6	1.000 0	1.000 0
	规模效率	0.999 7	1.000 0	0.915 7	0.980 1	1.000 0	0.908 6	1.000 0	1.000 0	0.961 0	0.936 9	0.966 0	1.000 0	0.971 0
	规模状态	1.105 4	1.000 0	1.333 8	1.122 9	1.000 0	0.995 9	1.000 0	1.000 0	1.177 4	1.142 4	1.066 3	1.000 0	0.913 6
	超效率	0.905 1	1.497 4	0.915 7	0.925 9	1.130 3	0.891 6	1.205 8	1.238 3	0.926 5	0.826 5	0.848 7	1.293 3	0.971 0

6.2.2 2008—2014年水稻投影分析

投影分析来看，水稻成本投入过剩，产出不足的年份为2008年、2013年和2014年，投入冗余最大的是人工成本，亩均平均投入过剩143.77元，冗余比例21.16，其他成本冗余比例均小于10%；对于产出来看，商品率没有产出不足，产出不足比例均在5%以内。

表6-2 2008—2014年水稻投影分析　　单位:元／%

		2008年	2009年	2010年	2011年	2012年	2013年	2014年	平均值
物质与服务费用	冗余量	91.51	0.00	0.00	0.00	0.00	11.05	27.01	43.19
	冗余比率	16.49	0.00	0.00	0.00	0.00	3.28	7.89	9.22
人工成本	冗余量	185.20	0.00	0.00	0.00	0.00	115.14	130.97	143.77
	冗余比率	25.30	0.00	0.00	0.00	0.00	18.53	19.64	21.16
土地成本	冗余量	9.22	0.00	0.00	0.00	0.00	1.07	11.51	7.26
	冗余比率	7.00	0.00	0.00	0.00	0.00	1.04	10.58	6.21
现金成本	冗余量	79.64	0.00	0.00	0.00	0.00	3.85	21.55	35.01
	冗余比率	12.70	0.00	0.00	0.00	0.00	1.04	5.82	6.52
现金收益	冗余量	−79.64	0.00	0.00	0.00	0.00	−3.41	−64.57	−49.21
	冗余比率	−6.28	0.00	0.00	0.00	0.00	−0.33	−6.85	−4.49

续表

		2008年	2009年	2010年	2011年	2012年	2013年	2014年	平均值
商品率	冗余量	−27.15	0.00	0.00	0.00	0.00	0.00	0.00	0.00
	冗余比率	−27.17	0.00	0.00	0.00	0.00	0.00	0.00	0.00
产值合计	冗余量	0.00	0.00	0.00	0.00	0.00	0.00	−43.81	−43.81
	冗余比率	0.00	0.00	0.00	0.00	0.00	0.00	−3.34	−3.34

6.3 四川省油菜比较效益分析

6.3.1 研究现状分析

油菜是产油效率高的油料作物之一，在中国食用油供给中具有举足轻重的地位，油菜产业的稳定健康发展是中国植物油供给安全的重要保障。四川省是长江流域油菜优势发展区域，常年油菜种植面积80.4万~100.5万公顷，位居全国第三；总产量在180万~220万吨，位居全国第二；消费总量约占国内消费的25%。油菜是四川第一大油料作物和不可替代的冬季作物。2015年国家取消油菜籽临时收储政策，油菜籽收购价格大幅走低，农户种植收益明显下滑，加之沿海油厂产品开始向内地扩张，诸多问题涌现，如成本价格抬升、农民不卖、油厂不收、竞争力不强等，导致四川油菜产业发展受到剧烈冲击。竞争力是维护四川油菜产业健康稳定发展的关键要素，而生产效率则是竞争力的核心要素，即生产要素的投入和生产效率。然而，在耕地面积受约束、资源短缺、资金来源不足等条件下，降低油菜种植的单位成本、提高生产效率是解决当前问题的有效途径之一，对促进油菜增产、农民增收、农村和谐稳定发展具有重要的现实意义。

目前，已有大量文献探讨了国家和地方的农业生产效率及其影响因素和变化趋势。Ball 等对包含美国在内的 10 个国家的农业效率进行了研究，认为资本积累与生产效率增长是相互促进的；Goksel 等使用数据包络分析方法（DEA）和非参数的曼奎斯特（Malmquist）生产力指数来衡量土耳其 NUTS1 地区 1994—2003 年作物生产的全要素生产率；Diep 等利用 DEA 模型研究了 2002—2010 年间越南湄公河三角洲水稻生产的技术效率和规模效率的变化趋势；Li 等使用 DEA 模型和 Malmquist 指数，深入研究四川西北高原 31 个县的农业生产率和全要素生产率变化趋势；张召华等、秦钟等分别采用 DEA 和截取回归模型（Tobit）结合、时间窗与 DEA 结合的方法，测算了陕西省 2002—2008 年、广东省 1994—2007 年的农业生产效率；王冬冬等人引入 Malmquist 指数分析法，对陕西省 2003—2012 年间的农产品生产效率进行了静态和动态变化实证分析，并揭示了影响其农业生产效率的因素。

国内学者对中国油菜的生产效率进行了测算及分析。沈琼采取 DEA 分析方法，计算了 2003 年中国油菜籽各产区的技术效率和规模效率，得出 2003 年油菜籽生产技术效率和规模效率低下的结论。李然综合应用 DEA 模型、Tobit 模型、Malmquist 指数、生产函数法和经济增长收敛理论对 2001—2007 年中国油菜生产的全要素生产率进行测算和收敛性检验，得出中国油菜生产技术效率水平较高，各地区油菜生产技术效率差异较小的结论。田伟等利用随机前沿分析（SFA）模型测算与分析了 1998—2007 年中国 14 个主要油菜产区生产技术效率。田涛等运用 DEA 模型及差额数值、效率强度、效率值等多种分析方法，测算了安徽省17个地市2005—2010年的油菜生产相对效率，提出了非DEA有效的地市改善到DEA有效选择的基本路径。陈静等用随机前沿生产函数的全要素生产率（TFP）核算与分解模型，实证分析了1999—2012年中国的油料作物油菜、大豆、花生的TFP增长及其构成成分，对技术效率背后的影响因素进行估计。刘成等采用Malmquist指数法分析了中国冬油菜主产区2002—2012年间的TFP变化情况，得出技术进步是影响TFP的主要因素。

综上所述，农业生产效率的研究一直倍受国内外农业经济学家的关注。然而，中国学者针对油菜生产效率的测算分析却屈指可数，研究范围大多停留在国家层面，针对地方的研究极少，对各省具体情况指导作用不强；研究测算的时间大多在2012年以前，对当前油菜产业发展不能起到很好的预见性作用；采用经济效率测算方法SFA、DEA、TFP、Malmquist以及它们之间的综合应用，但采用扩展DEA方法研究的却很少，尽管DEA方法被认为是到目前为止构造最好的非参数效率度量方法，但一般的DEA模型无法对有效决策单元进行进一步的分析，而扩展的DEA模型则可以弥补这一缺陷。

本研究采用扩展的DEA模型，探讨2008—2014年间四川省油菜生产效率及其变动趋势，找出影响油菜生产效率提高的主要因素，探讨四川油菜增产源泉，提出进一步改进生产效率的措施；同时将四川油菜生产效率与具有油菜比较优势的其他6省进行比较分析，探寻四川油菜的竞争优势，从而为相关管理部门制定当前四川油菜产业发展规划和战略决策提供一定的理论依据，对充分了解四川省油菜生产状况、提高农民种植积极性具有重要的现实意义。

6.3.2　模型构建及数据来源

6.3.2.1　模型构建

DEA方法是由Charnes等人提出的数据驱动型（Data-driving）方法，避免了确定权重时的主观性。DEA原理主要是通过保持决策单元（DMU，decision making units）的输入或者输出不变，借助于数学规划和统计数据确定相对有效的生产前沿面，将各个决策单元投影到DEA的生产前沿面上，并通过比较决策单元偏离DEA前沿面的程度来评价各DMU的相对有效性。但一般的DEA模型无法对有效的决策单元开展进一步分析，Andersen等提出的改进的DEA模型则弥补了这一缺陷。本研究引入C²R模型及扩展的DEA模型，分别见公式（1）和（2）。

$$\min\left[\theta - \varepsilon\left(\sum_{k=1}^{l}s_k^+ + \sum_{r=1}^{m}s_r^-\right)\right]$$

$$s.t\begin{cases}\sum_{j=1}^{n}\lambda_j k_j + s_1^- = \theta x_{01} \\[1ex] \sum_{j=1}^{n}\lambda_j k_j + s_2^- = \theta x_{02} \\[1ex] \vdots \\[1ex] \sum_{j=1}^{n}\lambda_j k_j + s_m^- = \theta x_{0m} \\[1ex] \sum_{j=1}^{n}\lambda_j y_j - s_1^+ = y_{01} \\[1ex] \sum_{j=1}^{n}\lambda_j y_j - s_2^+ = y_{02} \\[1ex] \vdots \\[1ex] \sum_{j=1}^{n}\lambda_j y_j - s_l^+ = y_{0l}\end{cases} \quad (1)$$

$$\min\left[\theta - \varepsilon\left(\sum_{k=1}^{l} s_k^+ + \sum_{r=1}^{m} s_r^-\right)\right]$$

$$s.t \begin{cases} \sum_{\substack{j=1 \\ j \neq 0}}^{n} \lambda_j x_j + s_1^- = \theta x_{01} \\ \sum_{\substack{j=1 \\ j \neq 0}}^{n} \lambda_j x_j + s_2^- = \theta x_{02} \\ \vdots \\ \sum_{\substack{j=1 \\ j \neq 0}}^{n} \lambda_j x_j + s_m^- = \theta x_{0m} \\ \sum_{\substack{j=1 \\ j \neq 0}}^{n} \lambda_j y_j - s_1^+ = y_{01} \\ \sum_{\substack{j=1 \\ j \neq 0}}^{n} \lambda_j y_j - s_2^+ = y_{02} \\ \vdots \\ \sum_{\substack{j=1 \\ j \neq 0}}^{n} \lambda_j y_j - s_l^+ = y_{0l} \end{cases} \quad (2)$$

用原C^2R模型测算DEA效率存在一个显著的问题，就是有效决策单元过多，而无效决策单元过少，为有效解决此问题，引入阿基米德无穷小量。在基于阿基米德C^2R模型中，本研究测算对象是四川油菜，决策单元为2008—2014年7个年份，n代表年份数，m为投入要素指标量，l为产出要素指标量，0代表当前处于测算状态的决策单元。θ为当前处于测算状态的决策单元离有效前沿面的径向优化量或"距离"，在本研究中表示测算当前决策单元的综合效率，当$\theta=1$时，当前决策单元为综合效率有效，当

$0<\theta<1$ 时综合效率无效。ε 为阿基米德无穷小量，本研究中 ε 取 10^{-5}。λ_j 为相对于 DMU 重新构造一个有效 DMU 组合中第 j 个决策单元的投入产出的组合比例；s^+、s^- 为松弛变量，用于无效 DMU 单元沿水平或者垂直方向延伸达到有效前沿面的产出要素减少量和产出要素集的增加量。x 和 y 分别为 DMU_j 的输入向量和输出向量。

对于 C²R 模型，有如下定理：设 DMU_0 为当前决策单元，且 λ、θ 为 C²R 模型的最优解，则：

（1）DMU_0 为规模收益递增充分必要条件是 $\theta>1$ 且 $\sum_{j=1}^{n}\lambda_j/\theta>1$；

（2）DMU_0 为规模收益不变充分必要条件是 $\theta=1$ 且 $\sum_{j=1}^{n}\lambda_j/\theta=1$；

（3）DMU_0 为规模收益递减的充分必要条件 $\theta<1$ 且 $\sum_{j=1}^{n}\lambda_j/\theta<1$。

基于阿基米德扩展 DEA 模型的各数学符号的经济含义与 C²R 模型相同，不同之处在于进行第 0 个决策单元效率评价时（0 表示当前决策单元），使第 0 个决策单元的投入和产出被其他所有决策单元投入和产出的线性组合代替，而将第 0 个决策单元排除在外。即一个有效的决策单元可以使其投入按比率增加，其综合效率可保持不变，投入增加比率即为超效率评价值。

对于该模型评价规模效率时，λ 值代表其规模变化，当 $\sum_{j=1}^{n}\lambda_j=1$ 时，就限定其规模不变；当 $\sum_{j=1}^{n}\lambda_j>1$ 时，表示规模的扩大。根据 DEA 效率分解原理：综合效率（θ）可以分解为技术效率（δ）和规模效率（s），三者关系为 $\theta = \delta \times s$，当在基于阿基米德投入型 C^2R 模型增加 $\sum\limits_{j=1}^{n} \lambda_j = 1$ 的限制条件，就得到 C^2GS^2 模型，从而测算出技术效率。DEA 有效的决策单元均分布在一个生产前沿面上，将一个非 DEA 有效的决策单元在生产前沿面上进行投影，可以测算出它与 DEA 有效决策单元的差距，这样可以将一个非有效决策单元修改成有效决策单元，调整公式见公式（3）。

$$\begin{cases} x_0 = \theta x_0 - s^- \\ y_0 = y_0 + s^+ \end{cases} \tag{3}$$

6.3.2.2 数据来源及评价指标选取

本研究所用数据来源于 2009—2015 年的《全国农产品收益汇编》和《四川统计年鉴》。鉴于数据的可获得性，选取物质与服务费用、人工成本、土地成本、现金成本、生产成本为投入指标；总产值、现金收益、商品率为产出指标。依据前人研究的结果将研究对象定为 2008—2014 年具有油菜综合优势和冬油菜主产区的 7 个省（四川、青海、贵州、江西、江苏、湖北、湖南）和全国平均水平的油菜生产过程中的投入要素和产出指标。

6.3.3 2008—2014 年油菜综合效率分析

运用 Lingo 8.0 软件对四川省油菜生产效率测算及分析的结果表明（图 6-1）：2008—2014 年油菜生产综合效率、规模效率、超效率小于 1，总体是无效的；技术效率总体有效，规模状态较为不稳定。其中，2008 年四川油菜综合效率、规模效率、技术效率值均为 1，超效率值大于 1，处于相对有效率的生产经营状态和规模报酬不变阶段；2010 年各效率值均小于 1，油菜生产处于相对无效率的生产经营状态。2011—2014年四川油菜处于技术效率相对有效状态，这与四川省近年来新品种的培育、前沿种植技术的推广密不可分。从图6-1可以看出，2009—2014年间规模效率无效且呈现出递减趋势，2010年后规模效率、综合效率、超效率变动趋势保持一致，可见规模效率对综合效率和超效率的影响程度大于技术效率对综合效率的影响，规模效率对生产效率的增长起到了较大的束缚作用，从而导致油菜生产综合效率无效。另外，2009年、2011年和2014年为规模报酬递增阶段，即在此阶段通过合理增加资源投入、扩大生产规模即可改善效率，使得DEA有效；2010年、2012年和2013年为规模报酬递减阶段，即要素投入增加不能带来产出增加，要适当减少生产要素的投入。可见生产规模不合理的状况，也引发了油菜生产规模状态的跌宕起伏、稳定性差。总体看来四川油菜在生产要素配置方面存在一定的问题，对农业生产规模不断递减带来的效率低下等问题应引起重视。

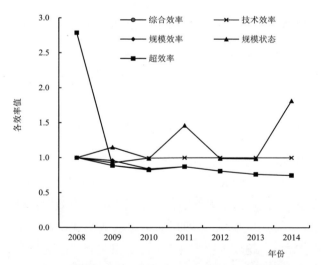

图6-1　2008—2014年四川油菜生产效率趋势分析

6.3.4 2008—2014年油菜投影分析

为进一步分析非DEA有效的四川油菜生产效率低下的原因，对2008—2014年四川油菜生产进行投影分析（表6-3）。2008年投入产出相对匹配，不存在投入过剩和产出不足，其他年份均出现不同程度的投入和产出不匹配现象，且投入过剩比例均超过20%，其中，冗余最大的是人工成本，冗余比例达45.71%，需要减少人工成本3 990.6元/公顷。从图6-2、图6-3可以看出，四川油菜生产的单位面积人工成本在2009年后增长比较迅速且明显高于全国平均水平，而四川油菜单位面积的土地成本和物质成本增长相对缓慢，说明四川油菜生产过程中投入结构失衡程度较为严重，人工成本增长较快，是推动油菜生产成本上升的关键因素。从产出来看，单位面积现金收益和产值均严重产出不足，过剩率超过50%。其中，现金收益严重不足，平均减少收入3 448.16元/公顷，不足率高达46.30%，说明随着经济发展，人工、物质和土地成本会有所增加，但四川油菜生产技术效率相对增加较少，导致产值和现金收益严重不足，进一步提高、改进技术水平，可使得油菜实际产出量与效率最优对应的产出量之间差距趋于零，油菜生产技术方面尚有很大的改进空间。

表6-3 2008—2014年油菜投影分析

投入与产出	冗余	2008年	2009年	2010年	2011年	2012年	2013年	2014年	平均值
物质与服务费用	冗余量/(元/公顷)	0.00	741.75	484.8	419.25	667.95	916.2	970.2	700.05
	冗余比率/%	0.00	27.73	17.95	14.79	21.08	25.84	27.2	22.43

续表

投入与产出	冗余	2008年	2009年	2010年	2011年	2012年	2013年	2014年	平均值
人工成本	冗余量/(元/公顷)	0.00	604.5	1 439.25	2 598.6	5 014.65	6 957.9	7 328.55	3 990.6
	冗余比率/%	0.00	17.07	29.99	41.63	56.95	63.57	65.05	45.71
土地成本	冗余量/(元/公顷)	0.00	86.25	355.8	349.2	381.45	396.45	433.5	333.75
	冗余比率/%	0.00	11.28	31.44	29.27	30.35	30.09	32.28	27.45
现金成本	冗余量/(元/公顷)	0.00	764.85	461.7	372	617.7	858.45	918.15	665.4
	冗余比率/%	0.00	27.46	16.63	12.84	19.12	23.8	25.28	20.86
现金收益	冗余量/(元/公顷)	0.00	−3474.01	−3582.14	−3666.32	−2760.13	−4359.30	−2847.09	−3448.16
	冗余比率/%	0.00	−66.69	−53.77	−46.03	−29.99	−51.96	−29.35	−46.30
商品率	冗余量/(元/公顷)	0.00	0.00	0.00	0.00	0.00	0.00	0.00	0.00
	冗余比率/%	0.00	0.00	0.00	0.00	0.00	0.00	0.00	0.00
产值合计	冗余量/(元/公顷)	0.00	−3184.48	−3570.43	−3773.93	−2592.46	−3950.82	−2379.01	−3241.86
	冗余比率/%	0.00	−39.84	−37.83	−34.74	−20.85	−32.94	−17.84	−30.67

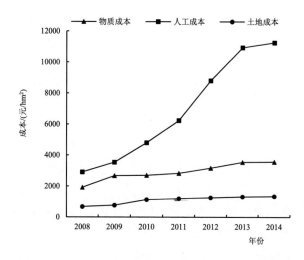

图6-2 2008—2014年油菜单位面积的人工成本、物质成本、土地成本变化情况图

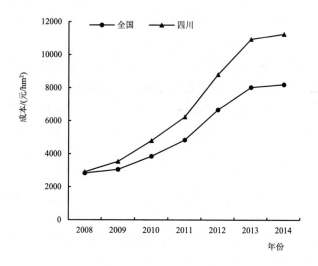

图6-3 2008—2014年油菜单位面积人工成本的变化情况

6.3.5 2008—2014年四川油菜与全国区域DEA效率比较分析

从总体来看，四川油菜2008年、2009年、2012年和2014年处于综合效率有效状态、技术和规模有效，规模报酬处于不变阶段，各年份均优于全国平均水平。2010年综合效率、技术效率和规模效率均为无效状态，各效率均优于全国平均水平，规模收益为报酬递增阶段。2011年技术效率处于有效状态，其他效率均为无效状态，各效率值均大于全国平均水平，规模状态为报酬递增阶段。2013年技术效率为有效状态，其他效率均为无效，其值均低于全国平均水平，规模状态亦为规模报酬递增阶段。从各年份比较来看，2008年间，综合效率、技术效率和规模效率均有效的城市为四川、青海、湖南、湖北和贵州，江苏和江西为技术有效，综合效率和规模效率无效。规模报酬方面，四川、青海、湖南、湖北和贵州为规模报酬不变阶段，江苏为规模报酬递减阶段，江西为规模报酬递增阶段。各区域效率比较来看，四川的效率相对较大，其次是青海，效率最差的是江苏；2009年间各地区的综合效率、技术效率和规模效率均有效。规模均为规模报酬不变阶段，比较各区域效率，效率相对较高的是贵州，其次是青海，效率最差的是湖北，四川排名第四；2010年间综合效率、技术效率和规模效率均有效的是青海、江西、湖南和湖北，其规模状态为规模报酬不变。其他地区均为综合效率、技术效率和规模效率无效状态。规模状态方面，四川、江苏为规模报酬递增阶段，贵州为规模报酬递减阶段。各地区效率比较来看，效率最高的是青海，其次是湖北，效率最差的是贵州，四川排名第六；2011年间，四川为综合效率和规模效率无效，技术效率有效，江苏综合效率、技术效率、规模效率均无效，其他城市综合效率、技术效率和规模效率均有效。规模状态方面，四川和江苏均为规模报酬递增，其他地区为规模报酬不变。比较各地区效率，效率最高的是湖北，其次是湖南，效率最低是江苏，四川排名第六；2012年间湖南和贵州的综合效率、技术效率和规模效率无效，其他地区均为有效。规模状态方面，贵州和湖南为规模收益递增阶段，其他地区均为规模收益不变。比较各地区效率，效率最高的是江西，其次是青海，效率最差的是贵州，四川处于第四；2013年间江苏、江西、湖南和湖北均为综合效率、技术效率和规模效率有效，四川和青海技术效率有效，其他效率无效，贵州综合效率、技术效率和规模效率均无效。规模收益方面，四川、青海和贵州为规模报酬递增阶段，其他地方均为规模报酬不变。比较各地区效率，江西效率最高，其次是湖北，效率最低的是贵州，四川处于第六；2014年间，湖南综合效率、技术效率和规模效率均无效，贵州处于综合效率和规模效率无效，技术效率有效，其他地区三种效率均有效。规模状态方面，湖南和湖北处于规模报酬递增阶段，其他地区均为规模报酬不变。比较各地区效率，青海效率最高，其次是江西，效率最差的是湖南，四川效率排名第五。

表6-4　四川优势农作物油菜与全国各地DEA效率比较分析

	效率	全国	四川	青海	江苏	江西	湖南	湖北	贵州
2008年	综合效率	0.933 4	1.000 0	1.000 0	0.914 4	0.948 3	1.000 0	1.000 0	1.000 0
	技术效率	0.941 0	1.000 0	1.000 0	1.000 0	1.000 0	1.000 0	1.000 0	1.000 0
	规模效率	0.991 9	1.000 0	1.000 0	0.914 4	0.948 3	1.000 0	1.000 0	1.000 0
	规模状态	0.973 6	1.000 0	1.000 0	0.844 2	1.200 6	1.000 0	1.000 0	1.000 0

续表

	效率	全国	四川	青海	江苏	江西	湖南	湖北	贵州
2009年	超效率	0.933 4	1.902 4	1.152 8	0.914 4	0.948 3	1.001 6	1.227 8	1.364 7
	综合效率	0.975 7	1.000 0	1.000 0	1.000 0	1.000 0	1.000 0	1.000 0	1.000 0
	技术效率	0.975 8	1.000 0	1.000 0	1.000 0	1.000 0	1.000 0	1.000 0	1.000 0
	规模效率	0.999 9	1.000 0	1.000 0	1.000 0	1.000 0	1.000 0	1.000 0	1.000 0
	规模状态	1.017 2	1.000 0	1.000 0	1.000 0	1.000 0	1.000 0	1.000 0	1.000 0
	超效率	0.975 7	1.104 1	1.388 1	1.210 7	1.101 8	1.068 2	1.044 4	1.472 5
2010年	综合效率	0.887 0	0.910 0	1.000 0	0.975 4	1.000 0	1.000 0	1.000 0	0.898 7
	技术效率	0.891 4	0.914 5	1.000 0	0.978 3	1.000 0	1.000 0	1.000 0	0.969 8
	规模效率	0.995 0	0.995 1	1.000 0	0.997 1	1.000 0	1.000 0	1.000 0	0.926 7
	规模状态	1.104 8	1.107 5	1.000 0	1.014 9	1.000 0	1.000 0	1.000 0	0.953 2
	超效率	0.887 0	0.910 0	2.173 8	0.975 4	1.225 5	1.200 6	1.463 7	0.898 7
2011年	综合效率	0.886 1	0.903 1	1.000 0	0.755 3	1.000 0	1.000 0	1.000 0	1.000 0
	技术效率	0.891 5	1.000 0	1.000 0	0.756 0	1.000 0	1.000 0	1.000 0	1.000 0

续表

年	效率	全国	四川	青海	江苏	江西	湖南	湖北	贵州
	规模效率	0.994 0	0.903 1	1.000 0	0.999 0	1.000 0	1.000 0	1.000 0	1.000 0
	规模状态	1.135 2	1.282 2	1.000 0	1.322 7	1.000 0	1.000 0	1.000 0	1.000 0
	超效率	0.886 1	0.903 1	1.220 2	0.755 3	1.252 3	1.317 8	1.421 5	1.138 1
2012 年	综合效率	0.952 0	1.000 0	1.000 0	1.000 0	1.000 0	0.847 2	1.000 0	0.810 5
	技术效率	0.953 1	1.000 0	1.000 0	1.000 0	1.000 0	0.916 0	1.000 0	0.842 8
	规模效率	0.998 8	1.000 0	1.000 0	1.000 0	1.000 0	0.924 9	1.000 0	0.961 7
	规模状态	1.040 6	1.000 0	1.000 0	1.000 0	1.000 0	1.044 9	1.000 0	1.108 8
	超效率	0.952 0	1.088 6	1.306 5	1.039 5	1.377 0	0.847 2	1.293 0	0.810 5
2013 年	综合效率	0.881 5	0.854 2	0.974 9	1.000 0	1.000 0	1.000 0	1.000 0	0.831 0
	技术效率	0.881 6	1.000 0	1.000 0	1.000 0	1.000 0	1.000 0	1.000 0	0.923 2
	规模效率	0.999 9	0.854 2	0.974 9	1.000 0	1.000 0	1.000 0	1.000 0	0.900 1
	规模状态	1.132 3	1.307 9	1.196 6	1.000 0	1.000 0	1.000 0	1.000 0	1.083 2
	超效率	0.881 5	0.854 2	0.974 9	1.015 8	1.316 0	1.002 7	1.236 9	0.831 0

续表

	效率	全国	四川	青海	江苏	江西	湖南	湖北	贵州
2014年	综合效率	0.993 9	1.000 0	1.000 0	1.000 0	1.000 0	0.871 3	1.000 0	0.902 8
	技术效率	1.000 0	1.000 0	1.000 0	1.000 0	1.000 0	0.936 2	1.000 0	1.000 0
	规模效率	0.993 9	1.000 0	1.000 0	1.000 0	1.000 0	0.930 6	1.000 0	0.902 8
	规模状态	1.006 1	1.000 0	1.000 0	1.000 0	1.000 0	2.760 2	1.000 0	3.994 5
	超效率	0.993 9	1.053 2	5.909 2	1.203 4	1.237 3	0.871 3	1.190 1	0.902 8

6.3.6 四川油菜产业发展对策建议

本研究使用基于阿基米德的扩展DEA方法研究2008—2014年间四川及具有比较优势的其他6省的油菜生产效率,得出以下结论。

(1)超效率DEA分析结果显示整体上四川油菜生产的综合效率、技术效率、超效率小于1,从静态上表明油菜生产效率是无效的,距最有效的生产前沿有一定的距离。规模效率小于1而规模状态大于1,说明超效率低的主要原因是四川油菜生产规模不合理,应根据省情适宜地调整油菜生产规模。

(2)投入冗余量是达到生产前沿面需要调整的量,四川油菜生产的人工成本冗余量最高,说明人工成本增大是推动四川油菜生产成本上升的重要因素。大力发展油菜机械化生产是提升四川油菜生产效率的重要着力点,也是解决人工成本冗余量高这一问题的有效途径，四川在油菜生产技术方面仍有很大的改进空间；此外土地成本冗余量高，也反映出四川油菜生产对土地资源的利用没有达到最优化。

（3）在本研究区域中，湖北省油菜生产各效率较为突出，达到了生产前沿且生产较为稳定，其次是青海、江西，四川处于第四位，规模效率波动较大导致了综合效率的不稳定，在比较区域中只具有比较优势。

本研究采用扩展的DEA模型，测算了2008—2014年四川省油菜生产效率，明确了影响其生产效率主要因素和四川比较优势，提出了进一步改进、提高生产效率的措施，为相关管理部门制定当前四川油菜产业发展规划和战略决策提供了参考依据，对充分了解四川省油菜生产状况、提高农民种植积极性和生产效益具有重要的现实意义。

研究得出四川油菜生产技术效率有效而规模效率低下的结论与刘成、沈琼等的研究结果一致。以往的研究大多采用TFP方法核算和分析中国油菜产区某一年或者某一时间段的生产率增长情况，较少开展投影分析来明确生产效率低下的具体原因。本研究对四川省油菜生产效率展开深入分析，同时将其与具有生产优势的其他省进行对比，明确了其比较优势，为今后四川油菜产业发展方向、结构调整奠定理论基础。但由于本研究是基于四川省油菜生产的总体情况，不能对四川省各个市县的具体情况进行很好的指导，建议今后开展四川省各个市县的油菜生产效率评价，有助于优化产业区域布局。

四川油菜种植和收获机械化程度低，取消油菜籽临时收储政策后，市场价格以及农户种植比较效益受到极大影响，人工成本的大幅增长，是造成油菜生产成本上升的重要因素。四川油菜生产应加大农村剩余劳动力的培养力度，减少劳动力的投入使人工成本冗余转化为有效的智力投资，如：油菜生产全程机械化培训班，新型职业农民培训等；积极推广机械化作业如机耕、机播、机割，提高生产机械化水平、提高农户种植积极性，从而提高油菜生产的生产效率和比较效益。

开展油菜生产投入实际情况的调研，对要素投入结构、生产规模进行合理的改善与调整。在规模状态递增的情况下，适当增加要素投入（如：扩大种植面积）带来产出的增加，充分利用土地资源推广集约化、规模化生产。

在资源匮乏的情况下，技术要素是第一生产力，要继续推行四川各项支持油菜发展和技术创新的政策。在重大农业技术和新品种的推广上，配套相应的项目支撑，确保新技术、新品种的有效推广，要提高新技术、新品种的覆盖率。大力实施新型农民培训工程，培养懂技术、会管理、善经营的产业职业农民，提高科技入户率，从而进一步提高技术效率。

6.4　四川省烟叶比较效益分析

6.4.1　研究现状分析

四川具有悠久的烟叶种植历史，其气候多样性为多种类型烟叶生长、质量形成奠定了良好基础，其中凉山、攀枝花地区的"清香甜型"烟叶已在全国独树一帜。拥有全国战略性优质烟叶基地的四川，其烤烟产业已成为四川特色农业之一，为四川财政增税、农民增收做出了重要贡献。但目前四川烤烟产业发展处于烟叶计划调减、卷烟增量放缓、税利贡献回落和烟草现代化转型期，加之土地、人工成本的不断升高，种烟自然灾害风险高，烤烟产业比较收益下跌，烟农不断流失等诸多问题不断涌现，烤烟的生产效率、稳定性及烟农的增收成为行业关注的热点问题。对烤烟生产中投入和产出要素之间的数量关系进行剖析，有助于优化烟叶生产资源配置，提高烤烟生产要素利用效率，降低烤烟生产成本，促进烟农增收，对稳定烟农的收入和维护烟草的产业安全具有非常重要的理论与现实意义。

目前，已有学者从不同角度对烤烟生产效率展开了研究。袁庆禄等采用随机前沿生产函数方法（SFA），分析1989—2007年国内烤烟生产的技术效率，得出烤烟技术效率总体上较为稳定，但烤烟主产区的技术效率普遍较低的结论。李灿华等建立了随机SFA模型，对1998—2007年国内17个主要烤烟产区的生产技术效率进行了测算，得出各省份之间的烤烟生产效率具有趋同趋势的结论。苏新宏等运用Cobb-Douglas生产函数模型，测算了1983—2007年烤烟生产的科技进步、生产要素等对烤烟生产的贡献率，分析了生产要素与烤烟产出的关系。张培兰等运用数据包络分析（DEA），对重庆山地烤烟适宜种植规模展开了研究，提出了不同烤烟种植规模要素投入方面存在的问题和改进建议。杨凡等结合湖北省恩施烟叶生产的相关数据，建立烟叶投入产出综合计量模型，探讨了烟叶生产资源优化配置模式。苏新宏等采用DEA方法对河南省烤烟生产效率进行了实证分析，认为与其他产烟省份相比，河南省烤烟生产效率属于非DEA有效。吴杰运用数据包络分析，对重庆市涪陵区60户烟农烤烟种植规模效率进行测度和评价。蔡瑞林等采用DEA法，测算了全国20个主要省市2004—2013年的烤烟种植效率及非DEA有效决策单元的效率差距。苏新宏等运用DEA-Malmquist指数法对1983—2013年河南烤烟生产效率进行了实证分析，并给出提高河南烤烟生产效率的措施。李翠华对烤烟生产技术及供需的技术效率进行了探讨与分析。

综合看来，关于烤烟生产效率的研究大多采用建立模型从国家层面展开分析，省域层面展开分析相对较少，但鲜有针对四川烤烟生产效率及其影响因素的研究。四川作为全国第三大烟区，虽然烟叶的生产与收购有着较为坚实的市场，但在"双控"政策、"三期叠加"的影响下，四川烤烟生产效率如何?是否充分有效?生产效率受哪些因素影响?能否稳定可持续发展?成为当前迫切需要解决的问题，因而研究四川烤烟种植效率及其影响因素变得十分必要。

笔者采用扩展的 DEA 模型，探讨 2008—2014 年间四川省烤烟生产效率及其变动趋势，通过投影分析进一步找出影响四川烤烟生产效率提高的主要因素；同时将四川烤烟生产效率与具有烤烟比较优势的其他省份进行比较分析，有助于客观认识四川烤烟生产在市场中的竞争优势，调整生产投入要素方向，从而为行业管理部门制定当前四川烤烟产业发展规划和战略决策提供一定的理论依据，对充分了解四川省烤烟生产状况、提高农民种植积极性、保证稳定优质烟叶来源、推进烟草农业的现代化发展具有重要的现实意义。

6.4.2　模型设定及数据来源

6.4.2.1　模型设定

生产效率的主要测算方法为 SFA、DEA、全要素生产率（TFP）、非参数的曼奎斯特（Malmquist）及它们之间的综合应用，但由于 DEA 方法避免了常规赋权方法中的主观因素限制，且扩展的 DEA 其投影原理可以进一步根据已有的结论提出具体改进措施，因而 DEA 越来越被更多的研究者采用。DEA 模型最早是由 Charnes 等提出，但由于无法对有效的决策单元开展进一步分析，Andersen 等就提出了改进的 DEA 模型弥补了这一缺陷。本研究测算对象是四川烤烟，决策单元为 2008—2014 年 7 个年份，引入 C^2R 模型式（1）测算综合效率值，式（2）测算技术效率，规模效率=综合效率/技术效率；扩展的 DEA 模型测算超效率，主要比较当综合效率都为 1 时的效率大小[式（3）]，投影分析测算冗余度见式（4）。

$$\min\left[\theta - \varepsilon\left(\sum_{k=1}^{l} s_k^+ + \sum_{r=1}^{m} s_r^-\right)\right]$$

$$s.t\begin{cases} \sum_{j=1}^{n}\lambda_j x_j + s_1^- = \theta x_{01} \\ \sum_{j=1}^{n}\lambda_j x_j + s_2^- = \theta x_{02} \\ \vdots \\ \sum_{j=1}^{n}\lambda_j x_j + s_m^- = \theta x_{0m} \\ \sum_{j=1}^{n}\lambda_j x_j - s_1^+ = y_{01} \\ \sum_{j=1}^{n}\lambda_j y_j - s_2^+ = y_{02} \\ \vdots \\ \sum_{j=1}^{n}\lambda_j y_j - s_l^+ = y_{0l} \end{cases} \quad (1)$$

$$\min\left[\theta - \varepsilon\left(\sum_{k=1}^{l} s_k^+ + \sum_{r=1}^{m} s_r^-\right)\right]$$

$$s.t\begin{cases} \sum_{j=1}^{n}\lambda_j x_j + s_1^- = \theta x_{01} \\ \sum_{j=1}^{n}\lambda_j x_j + s_2^- = \theta x_{02} \\ \vdots \\ \sum_{j=1}^{n}\lambda_j x_j + s_m^- = \theta x_{0m} \\ \sum_{j=1}^{n}\lambda_j x_j - s_1^+ = y_{01} \\ \sum_{j=1}^{n}\lambda_j y_j - s_2^+ = y_{02} \\ \vdots \\ \sum_{j=1}^{n}\lambda_j y_j - s_l^+ = y_{0l} \\ \sum_{j=1}^{n}\lambda_j = 1 \end{cases} \quad (2)$$

$$\min\left[\theta - \varepsilon\left(\sum_{k=1}^{l}s_k^+ + \sum_{r=1}^{m}s_r^-\right)\right]$$

$$s.t\begin{cases}\sum_{\substack{j=1\\j\neq 0}}^{n}\lambda_j x_j + s_1^- = \theta x_{01} \\[2ex] \sum_{\substack{j=1\\j\neq 0}}^{n}\lambda_j x_j + s_2^- = \theta x_{02} \\[2ex] \vdots \\[1ex] \sum_{\substack{j=1\\j\neq 0}}^{n}\lambda_j x_j + s_m^- = \theta x_{0m} \\[2ex] \sum_{\substack{j=1\\j\neq 0}}^{n}\lambda_j y_j - s_1^+ = y_{01} \\[2ex] \sum_{\substack{j=1\\j\neq 0}}^{n}\lambda_j y_j - s_2^+ = y_{02} \\[2ex] \vdots \\[1ex] \sum_{\substack{j=1\\j\neq 0}}^{n}\lambda_j y_j - s_l^+ = y_{0l}\end{cases} \quad (3) \qquad \begin{cases}x_0 = \theta x_0 - s^- \\ y_0 = y_0 + s^+\end{cases} \quad (4)$$

上述测算模型中 n 代表年份数，m 为投入要素指标量，l 为产出要素指标量，0代表当前处于测算状态的决策单元。θ 为当前处于测算状态的决策单元离有效前沿面的径向优化量或"距离"，在本研究中表示测算当前决策单元的综合效率，当 $\theta=1$ 时，当前决策单元为综合效率有效，当 $0<\theta<1$ 时，综合效率无效。ε 为阿基米德无穷小量，本研究中 ε 取 10^{-5}。λ_j 为相对于 DMU_j 重新构造一个有效 DMU 组合中第 j 个决策单元的投入产出的组合比例；s^+、s^- 为松弛变量，用于无效 DMU 单元沿水平或者垂直方向延伸达到

有效前沿面的产出要素减少量和产出要素集的增加量。x和y分别为DMU_j的输入向量和输出向量。

对于C^2R模型，有如下定理：设DMU_0为当前决策单元，且λ、θ为C^2R模型的最优解，则：（1）DMU_0为规模收益递增的充分必要条件是$\theta > 1$且$\sum\limits_{j=1}^{n}\lambda_j / \theta > 1$；（2）$DMU_0$为规模收益不变的充分必要条件是$\theta = 1$且$\sum\limits_{j=1}^{n}\lambda_j / \theta = 1$；（3）$DMU_0$为规模收益递减的充分必要条件是$\theta < 1$且$\sum\limits_{j=1}^{n}\lambda_j / \theta < 1$。

基于阿基米德扩展DEA模型的各数学符号的经济含义与C^2R模型相同，不同之处在于进行第0个决策单元效率评价时（0表示当前决策单元），使第0个决策单元的投入和产出被其他所有决策单元投入和产出的线性组合代替，而将第0个决策单元排除在外。即一个有效的决策单元可以使其投入按比率增加，其综合效率可保持不变，投入增加比率即为超效率评价值。

对于该模型评价规模效率时，λ值代表其规模变化，当$\sum\limits_{j=1}^{n}\lambda_j = 1$时，就限定其规模不变；当$\sum\limits_{j=1}^{n}\lambda_j > 1$时，表示规模的扩大。根据DEA效率分解原理：综合效率（θ）可以分解为技术效率（δ）和规模效率（s），三者关系为$\theta = \delta \times s$，当在基于阿基米德投入型C^2R模型增加$\sum\limits_{j=1}^{n}\lambda_j = 1$的限制条件，就得到$C^2GS^2$模型，从而测算出技术效率。DEA有效的决策单元均分布在一个生产前沿面上，将一个非DEA有效的决策单元在生产前沿面上进行投影，可以测算出它与DEA有效决策单元的差距，这样可以将一个非有效决策单元修改成有效决策单元，调整公式见式（4）。

6.4.2.2　数据来源及评价指标选取

研究所用数据来源于2009—2015年的《全国农产品收益汇编》和《四川统计年鉴》。鉴于数据的可获得性，选取物质与服务费用、人工成本、土地成本、现金成本、生产成本为投入指标，总产值、现金收益、产量（商品率）为产出指标。研究对象为烤烟生产过程中的投入要素和产出指标，研究范围为2008—2014年具有烤烟综合优势的9个省市（四川、云南、福建、甘肃、吉林、黑龙江、贵州、重庆、湖南）及全国平均水平。

6.4.3　2008—2014年烟叶综合效率分析

运用Lingo 8.0软件对四川省烤烟生产效率进行测算分析，结果如图6-4所示。其中，综合效率可衡量烤烟生产的资源要素组合、经营管理、投入规模间的配合水平。2008—2014年四川烤烟综合效率均值约为0.920 5，仅在2008、2012年达到1，说明四川烤烟生产的要素投入存在一定的效率损失，没有得到充分高效的利用，投入规模和结构还有待调整。技术效率侧重于反映烤烟生产中技术运用的有效程度，包括病虫害防治、品种筛选、农机推广等，也反映了一些相关制度运行的效率和管理水平。2008—2014年四川烤烟技术效率均值约为0.990 5，趋于1，基本处于有效状态，这与近年来四川推行的科技创新、专业服务、功能配套、现代营销、国际合作等政策密不可分。规模效率反映了烤烟的生产活动是否在最合适的投资规模下进行经营。2008—2014年四川烤烟规模效率均值约为0.928 9，说明离最适合规模还有一定距离。规模状态反映的是烤烟种植投入规模的变化与其引起的产出规模变化之间的关系。2008—2014年四川烤烟规模状态虽较为不稳定但均值约为1.063 1，明显处于有效状态，即四川烤烟处于规模报酬递增阶段，适当地增加种植面积可以带来产出的增加。超效率反映的是超越生产前沿面的程度，图中超效率跌宕起伏、稳定性差，总体趋于无效。从图6-4折线图还可以看出，综合效率、规模效率、超效率的变化趋势一致，且综合效率和规模效率曲线基本重合，可见四川烤烟规模效率对综合效率的影响程度大于技术效率对综合效率的影响，规模效率对生产效率起到了束缚作用。总体而言，四川烤烟DEA无效生产要素配置方面存在一定的问题。虽然生产技术得到有效发挥，但规模效率有待进一步提高，需要不断完善运行制度和管理体制，以促进综合效率的提高。

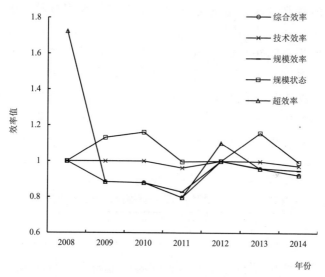

图6-4　2008—2014年四川烤烟生产各效率值

6.4.4　2008—2014年烟叶投影分析

为进一步分析非DEA有效的四川烤烟生产效率低下的原因，对2008—2014年四川烤烟生产进行投影分析，其中冗余值反映的是对照强有效前沿DMU投入改进空间。结果如表6-5所示，

2008年和2012年投入相对比较匹配，没有出现投入过剩和产出不足现象，其他年份均出现投入过剩和产出不足。总体看来四川烤烟生产投入要素相结合并没有发挥最大效益，存在资源浪费等现象。其中，土地成本投入过多，每公顷平均土地投入过剩741.94元，冗余比例21.21%，说明四川烤烟种植的相对效率较低，需要在引导农地承包经营权流转的同时适度降低流转地租金，提高烟叶产值，提高烟草种植的土地利用效率；其次是人工成本，每公顷平均人工成本平均过剩3 462.09元，冗余率15.33%，说明四川烤烟生产机械化程度不高，仍需要投入大量的劳动力，对发展适度规模种植造成不利影响；物质与服务费用投入每公顷平均过剩1 184.18元，说明物质费用转化效率还不高，肥料利用率、烤烟用煤转化率还需要进一步提高。从产出来看，产出不足率均在10%以内，反映出烟农的利益没有得到投入所对应的产出，这也是造成烟农流失的重要原因。四川烤烟生产要进一步调整改进生产结构，促进各项投入要素的有效匹配，注重资源的合理利用，提高生产效率。

表6-5 2008—2014年四川烤烟投入产出投影分析

项目		2008年	2009年	2010年	2011年	2012年	2013年	2014年	平均值
物质与服务费用	冗余量/(元/公顷)	0.00	2 011.04	1 215.37	2 306.87	0.00	519.10	1 052.24	1 184.18
	冗余比率/%	0.00	19.52	12.00	20.24	0.00	4.13	7.70	10.60
人工成本	冗余量/(元/公顷)	0.00	1 428.51	1 759.25	3 987.01	0.00	4 939.70	8 657.76	3 462.09
	冗余比率/%	0.00	11.55	12.00	22.10	0.00	17.48	28.81	15.33

续表

项目		2008年	2009年	2010年	2011年	2012年	2013年	2014年	平均值
土地成本	冗余量/(元/公顷)	0.00	1 419.40	1 365.37	1 245.07	0.00	145.07	276.72	741.94
	冗余比率/%	0.00	41.91	38.38	35.15	0.00	4.13	7.70	21.21
现金成本	冗余量/(元/公顷)	0.00	2 502.39	1 747.01	2 863.13	0.00	602.39	1 638.96	1 558.96
	冗余比率/%	0.00	21.08	14.73	21.67	0.00	4.16	10.20	11.97
现金收益	冗余量/(元/公顷)	0.00	-2 776.72	-1 747.01	-2 863.13	0.00	-558.66	-1 638.96	-1 597.46
	冗余比率/%	0.00	-17.17	-9.13	-15.19	0.00	-1.83	-5.58	-8.15
商品率	冗余量/(元/公顷)	0.00	0.00	31.79	0.00	0.00	167.33	445.67	0.00
	冗余比率/%	0.00	0.00	-2.13	0.00	0.00	-10.97	-29.86	0.00
产值合计	冗余量/(元/公顷)	0.00	-274.32	0.00	0.00	0.00	0.00	0.00	-274.32
	冗余比率/%	0.00	-0.98	0.00	0.00	0.00	0.00	0.00	-0.98

6.4.5　2008—2014年四川烤烟与比较区域DEA效率分析

（1）从图6-5可以看出，2008—2014年国内烤烟生产的综合效率均值为0.926 7，离生产最前沿还有一定距离，技术效率均值0.935 8也还有提升的空间，规模效率值0.990 7接近最优化，且还处于规模报酬递增阶段，说明国内烤烟生产在现有的技术水平和要素投入组合下，通过要素投入数量的调整已实现了规模经济的生产状态。四川烤烟生产的规模状态低于全国平均水平，其余效率值明显优于全国平均水平。

（2）如图6-5所示，在比较省份中，2008—2014年甘肃、黑龙江和重庆效率值达到1，表明这3个地区烤烟生产的生产要素配置和规模组合达到最优状态，生产要素资源得到充分利用，相关制度的运行和管理得到充分发挥。

（3）在综合效率方面，福建的综合效率损失较大，其均值为0.873 2，说明其在投入数量和结构上存在不合理之处，四川烤烟生产综合效率均值约为0.995 8，在比较区域中排名第4。在技术效率方面，福建的技术效率值较低约为0.875 1，说明福建现有技术的生产潜力没有得到充分发挥，有待进一步提高。其余各省技术效率值均在0.9以上，说明这些省份的技术效率处于生产前沿面上，生产技术潜力得到了充分发挥。四川省烤烟生产技术效率均值约为0.996 2，在比较区域中排名第4。在规模效率方面，各省份均达到了0.9以上，总体上看烤烟生产规模效率在一个较高的水平上，从生产所处的阶段来看，甘肃、黑龙江和重庆处于规模报酬不变的阶段，说明它们的生产规模是适合的，其余省份烤烟生产处于规模报酬递增阶段，说明这些省份可根据自身地理特点适宜地增加烤烟的种植面积。从超效率值来看，2008—2014年福建和湖南超效率均值分别为0.880 9、0.950 4，处于无效状态，甘肃、黑龙江和重庆各年的超效率均大于1，说明这些区域烤烟生产具有较强的可持续性和稳定性，在有效决策单元间进行烤烟生产效率水平比较，可知四川烤烟生产超效率处于第4位。

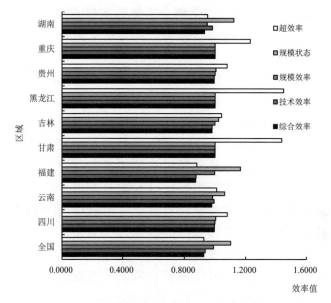

图6-5　2008—2014年对比区域各省DEA效率比较分析

6.4.6　四川烟叶产业发展对策建议

本研究测算了2008—2014年四川省烤烟生产效率，明确了影响其生产效率主要因素和四川烤烟在对比区域中的比较优势，为相关管理部门了解四川省烤烟当前生产状况、制定相关发展规划、战略决策提供理论参考依据，对当下四川烤烟生产具有一定的指导意义。

研究得出四川烤烟生产技术效率有效而规模效率低下，四川处于规模递增状态、黑龙江处于规模不变状态的结论，与苏新宏、蔡瑞林等的研究结果一致，可见规模效率俨然成为影响四川烤烟综合效率的最重要因素。张海燕等研究认为全国烤烟种植的人工、土地、物质与服务费用的价格大幅度上涨是推动烤烟生产成本上升的重要因素，而本研究通过冗

余分析发现四川烤烟生产土地、人工成本投入高，说明全国
烤烟生产成本上升的大环境在一定程度上驱动了四川烤烟
生产成本提高，影响了生产成本的冗余率。研究还得出烤
烟生产效率存在区域差异，其中黑龙江、甘肃生产效率高，
四川在比较区域中位于第4，这一结果与蔡瑞林的Q型聚类
结果基本一致，即黑龙江、甘肃属于综合效率值为较高的
一类地区，四川为中等的二类地区。但本研究中重庆也属
于一类地区，与其他研究者得出的结论不一致，主要有两
个方面的原因：一是以往其他研究的数据过于陈旧，面板
数据范围为1989—2007年，不能很好地反映当下各省烤烟
生产效率状态，本研究采用的数据范围为2008—2014年能
有效体现近期各省份烤烟生产效率情况；二是采用近期数
据研究烤烟生产效率的仅停留在某一年各省份的比较，本
研究是对7年数据逐年研究，最终取平均值进行比较，研究
结果更为全面和客观。

以往的研究大多分析中国烤烟产区某一年或者某一时间段的
生产率增长情况，较少开展投影分析来明确各省生产效率低下的
具体原因。本研究对四川省烤烟生产效率展开深入分析，同时将
其与具有生产优势的其他省进行对比，明确了其比较优势，为今
后四川烤烟产业发展方向、结构调整奠定理论基础。但由于本研
究是基于四川省烤烟生产的总体情况，不能对四川省各市的具体
情况进行很好的指导，建议今后开展四川省各个市县的烤烟生产
效率评价，有助于优化产业区域布局。

（1）四川烤烟生产非DEA有效。四川烤烟综合效率、规模
效率、超效率小于1，从静态上表明烤烟生产无效，距最有效的
生产前沿面还有一定的距离。技术效率趋近1，说明四川烤烟生
产技术得到有效发挥，还有增长的空间；规模效率小于1但规模
状态大于1，说明四川烤烟生产规模存在不合理处，规模效率明

显制约综合效率的提高。根据省情适宜地调整烤烟生产规模及结构，有望进一步提高生产效率。

（2）四川烤烟生产存在投入冗余和产出不足现象。四川烤烟生产的土地成本和人工成本冗余量高，说明两者是推动四川烤烟生产成本上升的重要因素。现金收益产出不足，说明烟农没有得到应有的利益。合理利用土地资源，大力发展推动土地流转，规模化、机械化生产是提升四川烤烟生产效率的重要着力点，烟农的生产收益将超过土地的边际投入。

（3）在对比区域中烤烟生产效率存在区域差异。甘肃、黑龙江和重庆效率值都达到1。结合超效率来看，比较区域烤烟生产效率排名依次是黑龙江（1.450 3）、甘肃（1.438 6）、重庆（1.230 0）、四川（1.081 1）、贵州（1.079 2）、吉林（1.042 6）、云南（1.010 4）、湖南（0.950 4）、全国平均水平（0.926 7）、福建（0.880 9）。四川排名第4位，具有比较优势。

四川作为全国第三大烟区，其烤烟生产效率非DEA有效，主要是规模要素投入效率较低，土地、人工成本投入高，产出率不足，虽然技术效率趋近有效，但也还有提升的空间。为进一步提高四川烤烟生产过程中要素的利用效率，降低烤烟生产成本，提高烟农收入，从投入角度提出了以下改善效率的建议。

（1）着力优化烤烟生产布局。种植面积已成为影响四川烤烟综合效率的最重要因素，要针对山区地形情况，因地制宜加强种植规模的布局，推进土地资源的科学管理与合理利用，同时有效施行资源布局、效益布局。资源布局即将有限的计划资源向优质的烤烟产区集中，将资金、项目、科技等先进生产要素向优势区域集中，推动烤烟产业从数量型向质量效益型转变。

（2）创新驱动烤烟生产技术研发。技术是第一生产力，技术水平的高低反映农业持续增长的能力。加强国内外合作，提高烤烟生产技术水平，着力解决制约烤烟质量水平的关键性技术瓶颈。在烤烟品种的选育、烤烟的调制、烤烟轻型栽培技术、烤烟用肥、用煤的转化率、生产的机械化上、烤烟烘烤技术等取得突破，有助于提高烤烟生产综合效率和超效率。

（3）保障烟农利益，调动烟农积极性。积极引导土地经营权向烟农、合作社等流转，加强品种、施肥、田管、防灾、保险等技术和制度上的培训，培养懂技术、会管理的新型烟农；建立健全烤烟种植的风险、灾害救助补偿机制，增强烟农抵抗风险能力。从供给侧和需求侧发力，以提高质量效益为中心，提高上等烟的价格，确保烟农种烟"减产不减效"，维护好烟农利益，确保烟农收入稳定、安心生产。

6.5 四川省马铃薯比较效益分析

6.5.1 研究现状分析

马铃薯因具有耐旱、耐瘠薄、高产稳产、适应性强、营养成分全等特点，在世界上广泛分布，是继水稻、玉米、小麦之后的世界第四大粮食作物。马铃薯产业的良好发展对保障粮食安全和增加农民收入有着极其重要的作用。中国是目前最大的马铃薯生产国，据 FAO 统计，世界近 1/3 的马铃薯产自中国和印度，但与世界平均马铃薯单产相比，还存在很大差距。2014 年，各大洲马铃薯单产分别为大洋洲 41.3 吨/公顷、美洲 56.6 吨/公顷、欧洲 21.8 吨/公顷、亚洲 18.9 吨/公顷、非洲 14.9 吨/公顷，中国马铃薯平均单产仅为全球平均水平的 81.5%。由此可见，我国在提高马铃薯单产水平上具有非常大的潜力，研究马铃薯的生产效率、探索影响马铃薯产出的因素对促进我国马铃薯产业的快速发展具有十分重要的意义。

　　关于我国马铃薯生产效率的相关研究主要从以下两个方面展开。一是基于马铃薯调研数据进行的微观分析。王志刚等利用甘肃省定西市马铃薯种植农户调研数据，运用超越对数函数形式的随机前沿模型，对马铃薯生产技术效率及影响因素进行研究。肖阳等运用两阶段数据包络分析（DEA-Tobit）模型对2014年甘肃省定西市样本农户马铃薯种植的调查数据展开生产效率分析。金璟等采用柯布—道格拉斯型随机前沿生产模型对云南马铃薯主要种植地区农户的投入产出进行了技术效率测定。易晓峰等运用随机前沿面超越生产函数，对西部地区种植型马铃薯合作社运行技术效率进行了测算。二是对全国马铃薯生产效率进行宏观分析。易晓峰等运用DEA三阶段模型对2012年中国14个马铃薯主省的马铃薯产业进行了技术效率分析。刘洋等运用Malmquist指数方法测算了1998—2008年间中国马铃薯生产的全要素生产率的变化。

　　上述研究对马铃薯生产效率做了不同程度的探索。宏观分析有助于把握全国马铃薯生产形势，但缺乏对各省的具体指导作用；农户及合作社的微观分析对马铃薯生产技术效率的改变具有现实意义，但研究区域范围过小，获取的数据具有一定的主观性，研究结果不能大范围应用。综合来看，针对我国马铃薯生产效率研究的文献还比较少，而关于省级区域的马铃薯生产效率的研究更是缺乏，各省的具体情况有待进一步研究。

　　四川是我国马铃薯生产大省，全省21个市（州）均有种植，种植面积和产量全国领先。2016年农业部下发的《关于推进马铃薯产业开发的指导意见》文件中提出：到2020年，全国马铃薯播种面积达到 66.67 万公顷，单产达到 19.5 吨/公顷，总产量达到 1.3 亿吨。粮食供给不足的问题对四川来说是新的机遇也是挑战。在耕地面积受约束、资源短缺等条件下，要想提高单产，生产效率要成为核心要素。四川马铃薯生产效率如何?是否充分有效?生产效率受哪些因素影响? 成为当前迫切需要解决的问题，因而研究四川马铃薯生产效率及其影响因素变得十分必要和重要。本研究首次采用基于阿基米德的超效率 DEA 模型，探讨 2011—2015 年间四川省马铃薯生产效率及其变动趋势，通过投影分析进一步找出影响四川马铃薯生产效率提高的主要因素;同时将四川马铃薯生产效率与具有比较优势的其他省份进行比较分析，有助于客观认识四川马铃薯生产在市场中的竞争优势，调整生产投入要素方向，从而为行业管理部门制定当前四川马铃薯产业发展规划和战略决策提供一定的理论依据，对充分了解四川省马铃薯生产状况、保障粮食安全、促进农民增收，推进四川成为马铃薯强省具有重要的现实意义。

6.5.2 模型设定及数据来源

6.5.2.1 模型设定

DEA 模型最早是由 Charnes 等提出，由于其避免了常规赋权方法中的主观因素限制，不需要预先决定生产函数，不受输入、输出数据量纲影响，越来越被广泛采用。然而普通的 DEA 模型无法对有效的决策单元开展进一步分析，Andersen 等则提出了改进的 DEA 模型（即超效率 DEA 模型），解决了普通 DEA 方法下 C²R 模型无法对有效决策单元之间效率高低进行比较的问题。本研究测算对象是四川马铃薯，决策单元为2011—2015年5个年份，引入 C^2R 模型式（1）测算综合效率值，式（2）测算技术效率，规模效率=综合效率/技术效率；扩展的 DEA 模型测算超效率，主要比较当综合效率都为1时的效率大小[式（3）]，投影分析测算冗余度见式（4）。

$$\min\left[\theta - \varepsilon\left(\sum_{k=1}^{l}s_k^+ + \sum_{r=1}^{m}s_r^-\right)\right]$$

$$s.t\begin{cases}\sum_{j=1}^{n}\lambda_j x_j + s_1^- = \theta x_{01} \\ \sum_{j=1}^{n}\lambda_j x_j + s_2^- = \theta x_{02} \\ \vdots \\ \sum_{j=1}^{n}\lambda_j x_j + s_m^- = \theta x_{0m} \\ \sum_{j=1}^{n}\lambda_j x_j - s_1^+ = y_{01} \\ \sum_{j=1}^{n}\lambda_j y_j - s_2^+ = y_{02} \\ \vdots \\ \sum_{j=1}^{n}\lambda_j y_j - s_l^+ = y_{0l}\end{cases} \quad (1)$$

$$\min\left[\theta - \varepsilon\left(\sum_{k=1}^{l}s_k^+ + \sum_{r=1}^{m}s_r^-\right)\right]$$

$$s.t\begin{cases}\sum_{j=1}^{n}\lambda_j x_j + s_1^- = \theta x_{01} \\ \sum_{j=1}^{n}\lambda_j x_j + s_2^- = \theta x_{02} \\ \vdots \\ \sum_{j=1}^{n}\lambda_j x_j + s_m^- = \theta x_{0m} \\ \sum_{j=1}^{n}\lambda_j x_j - s_1^+ = y_{01} \\ \sum_{j=1}^{n}\lambda_j y_j - s_2^+ = y_{02} \\ \vdots \\ \sum_{j=1}^{n}\lambda_j y_j - s_l^+ = y_{0l} \\ \sum_{j=1}^{n}\lambda_j = 1\end{cases} \quad (2)$$

$$\min\left[\theta - \varepsilon\left(\sum_{k=1}^{l} s_k^+ + \sum_{r=1}^{m} s_r^-\right)\right]$$

$$s.t \begin{cases} \sum_{\substack{j=1 \\ j \neq 0}}^{n} \lambda_j x_j + s_1^- = \theta x_{01} \\ \sum_{\substack{j=1 \\ j \neq 0}}^{n} \lambda_j x_j + s_2^- = \theta x_{02} \\ \vdots \\ \sum_{\substack{j=1 \\ j \neq 0}}^{n} \lambda_j x_j + s_m^- = \theta x_{0m} \\ \sum_{\substack{j=1 \\ j \neq 0}}^{n} \lambda_j y_j - s_1^+ = y_{01} \\ \sum_{\substack{j=1 \\ j \neq 0}}^{n} \lambda_j y_j - s_2^+ = y_{02} \\ \vdots \\ \sum_{\substack{j=1 \\ j \neq 0}}^{n} \lambda_j y_j - s_l^+ = y_{0l} \end{cases} \quad (3) \qquad \begin{cases} x_0 = \theta x_0 - s^- \\ y_0 = y_0 + s^+ \end{cases} \quad (4)$$

上述测算模型中 n 代表年份数，m 为投入要素指标量，l 为产出要素指标量，0 代表当前处于测算状态的决策单元。θ 为当前处于测算状态的决策单元离有效前沿面的径向优化量或"距离"，在本研究中表示测算当前决策单元的综合效率，当 $\theta=1$ 时，当前决策单元为综合效率有效，当 $0<\theta<1$ 时，综合效率无效。ε 为阿基米德无穷小量，本研究中 ε 取 10^{-5}。λ_j 为相对于 DMU_j 重新构造一个有效 DMU 组合中第 j 个决策单元的投入产出的组合比例；s^+、s^- 为松弛变量，用于无效 DMU 单元沿水平或者垂直方向延伸达到

有效前沿面的产出要素减少量和产出要素集的增加量；x 和 y 分别为 DMU_j 的输入向量和输出向量。

基于阿基米德扩展 DEA 模型的各数学符号的经济含义与 C^2R 模型相同，不同之处在于进行第 0 个决策单元效率评价时（0 表示当前决策单元），使第 0 个决策单元的投入和产出被其他所有决策单元投入和产出的线性组合代替，而将第 0 个决策单元排除在外。即一个有效的决策单元可以使其投入按比率增加，其综合效率可保持不变，投入增加比率即为超效率评价值。

6.5.2.2　数据来源

考虑到数据的准确性和客观性，本研究所用数据来源于 2012—2016 年的《全国农产品收益汇编》和《四川统计年鉴》。鉴于数据的可获得性，选取物质与服务费用、人工成本、土地成本、现金成本、生产成本为投入指标，总产值、现金收益、产量（商品率）为产出指标。研究对象为马铃薯生产过程中的投入要素和产出指标，研究范围为 2011—2015 年生产马铃薯的主要省份（河北、吉林、内蒙古、辽宁、黑龙江、山东、湖北、重庆、四川、贵州、云南、陕西、甘肃、青海、宁夏、新疆）及全国平均水平。

6.5.3　2011—2015 年四川马铃薯生产超效率评价

综合效率可衡量马铃薯生产的资源要素组合、经营管理、投入规模间的配合水平[1]。技术效率侧重于反映马铃薯生产中技术运用的有效程度及一些相关制度运行的效率和管理水平[2]，规模

---

①苏新宏，马聪，侯鹏，等.河南烤烟全要素生产率实证分析——基于DEA-Malmquist指数法[J].中国烟草学报,2016,22（1）：130–183.

②蔡瑞林,陈万明,朱广华,等.我国烟草种植业的效率评价[J].中国烟草学报,2015,21（4）：121–130.

效率反映了马铃薯的生产活动是否在最合适的投资规模下进行经营[①]。运用 Lingo 8.0 软件对四川省马铃薯生产效率进行测算分析，结果如图 6-6 所示。2011—2015 年间四川马铃薯综合效率均值约 0.849 1，说明四川马铃薯生产的要素投入存在一定的效率损失，没有得到充分高效的利用，技术效率和规模效率都还有提升的空间。技术效率均值约为 0.981 3 趋于 1，基本处于有效状态，这与近年来四川大力发展马铃薯产业的相关政策，加大示范力度，推广新品种、新技术、新模式密不可分。但是技术效率均值小于有效值 1，反映出四川马铃薯当前的生产技术和管理水平依旧没有达到最优，如果提高技术和管理水平，平均技术效率还可以提高 0.018 7。规模效率均值约为 0.866 7 也小于 1，说明四川马铃薯生产规模离最适合规模还有一定距离，如果改变种植规模还有 0.133 3 的提升空间。2011—2015 年间四川马铃薯规模状态虽呈 "n" 型，但均值约为 1.592 2，明显处于有效状态——规模报酬递增阶段，适当地增加种植面积可以带来产出的增加。超效率反映的是超越生产前沿面的程度，均值约为 0.883 0，总体趋于无效。从图 6-6 折线图还可以看出，综合效率、规模效率、超效率的变化趋势一致，且综合效率和规模效率曲线基本重合，可见四川马铃薯规模效率对综合效率的影响程度大于技术效率对综合效率的影响，规模效率对生产效率起到了束缚作用，因此改变当前四川马铃薯的种植规模，可以明显地改善综合效率。总体而言，四川马铃薯 DEA 无效，生产要素配置方面存在一定的问题。虽然生产技术得到有效发挥，但规模效率有待进一步提高，需要不断完善运行制度和管理体制，以促进综合效率的提高。

---

①张培兰,史宏志,杨超,等.基于数据包络分析（DEA)的重庆山地烤烟适宜种植规模研究[J].中国烟草学报,2012,18（3）：87-93.

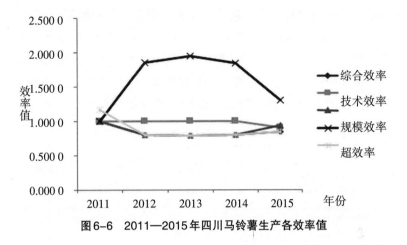

图6-6 2011—2015年四川马铃薯生产各效率值

6.5.4 2011—2015年四川马铃薯投入产出投影分析

为进一步分析非DEA有效的四川马铃薯生产效率低下的原因，对2011—2015年四川马铃薯生产进行投影分析，其中冗余值反映的是对照强有效前沿DMU投入改进空间。结果如表6-6、表6-7所示，2011年投入相对比较匹配，没有出现投入过剩和产出不足现象，其他年份均出现投入过剩和产出不足。总体来看四川马铃薯生产投入要素相结合并没有发挥最大效益，存在资源浪费等现象。其中，人工成本投入过多，每公顷平均人工成本过剩3 496.83元，冗余率达18.98%，说明四川马铃薯生产机械化程度不高，仍需要投入大量的劳动力，对发展适度规模种植造成不利影响；其次是物质与服务费用投入每公顷平均过剩1 915.08元，冗余率达16.57%，说明物质费用转化效率还不高，肥料、农药等利用转化率还需要进一步提高；土地成本投入过多，每公顷平均土地投入过剩439.99元，冗余比例为15.08%，说明四川马铃薯种植的相对效率较低，需要在引导农地承包经营权流转的，将细碎分割土地规模化，同时适度降低流转地租金，提高马铃薯产值，提高土地利用效率。从产出来看，产出不足率均为11.57%，反映出农户的利益没有得到投入所对应的产出。总之，四川马铃薯生产的土地成本、人工成本、物质与服务费用主要影响着四川马铃薯种植收益。因此，要进一步调整改进生产结构，促进各项投入要素的有效匹配，注重资源的合理利用，提高生产效率。

表6-6 2011—2015年四川省马铃薯投影分析

	物质与服务费用		人工成本		土地成本		现金成本	
	冗余量/(元/公顷)	冗余比率/%	冗余量/(元/公顷)	冗余比率/%	冗余量/(元/公顷)	冗余比率/%	冗余量/(元/公顷)	冗余比率/%
2011年	0	0	0	0	0	0	0	0
2012年	2 396.57	21.79	3 405.41	25.46	636.9	19.88	2 214.6	19.88
2013年	2 810	23.17	5 105.02	25.75	553.86	20.64	3 556.99	29.12
2014年	2 453.75	21.33	5 476.87	24.72	569.18	19.79	3 507.24	30.3
2015年	1 587.35	16.96	1 934.55	16.96	1 510.03	47.07	1 823	16.96
平均值	1 915.08	16.57	3 496.83	18.98	439.99	15.08	2 319.71	19.83

表6-7 2011—2015年四川省马铃薯投影分析

	现金收益		商品率		产值合计	
	冗余量/(元/公顷)	冗余比率/%	冗余量/(元/公顷)	冗余比率/%	冗余量/(元/公顷)	冗余比率/%
2011年	0	0	0	0	0	0
2012年	−4 224.63	−15.34	0	0	−4 190.45	−10.83
2013年	−5 359.85	−24.24	0	0	−7 175.52	−20.91

续表

	现金收益		商品率		产值合计	
2014年	-3 734.18	-19.9	0	0	-4 413.28	-14.55
2015年	-4 865.67	-24.82	0	0	-7 398.36	-23.79
平均值	-3 329.7	-14.87	0	0	-3 944.78	-11.57

6.5.5　2011—2015年四川马铃薯与比较区域DEA效率评价

（1）从图6-7可以看出，2011—2015年国内马铃薯生产的综合效率均值为0.771 9，技术效率均值为0.865 8，规模效率均值为0.917 3，总体而言国内马铃薯生产为非DEA有效，规模效率接近最优化，且还处于规模报酬递增阶段，说明国内马铃薯生产通过要素投入数量的调整已实现了规模经济的生产状态，但技术效率离生产最前沿还有一定距离，成为影响综合效率提高的主要因素。四川马铃薯生产的规模效率低于全国平均水平，其余效率值优于全国平均水平。

（2）如图6-7所示，在比较省份中，2011—2015年吉林和黑龙江效率值均达到1，表明这2个地区马铃薯生产的生产要素配置和规模组合达到最优状态，生产要素资源得到充分利用，相关制度的运行和管理得到充分发挥。吉林和黑龙江的超效率均大于1，说明这些区域生产马铃薯具有较强的可持续性和稳定性。

（3）在综合效率方面，甘肃的综合效率损失较大，其均值为0.725 8，说明其在投入数量和结构上存在不合理之处，四川马铃薯生产综合效率均值约为0.849 1，在比较区域中排名第10。在技术效率方面，贵州、甘肃、青海的技术效率值较低，为0.78左右，说明这些省份现有生产技术还较为落后，其生产潜力没有得到充分发挥，有待进一步提高。吉林、内蒙古、黑龙江、新疆的技术效率值为1，说明这些省份的技术效率处于生产前沿面上，生产技术潜力得到了有效发挥，其余各省技术效率值在0.9左右。四川省马铃薯生产技术效率均值约为0.981 3，在比较区域中排名第6。在规模效率方面，除吉林和黑龙江规模效率为1，其余各省规模效率均无效。四川马铃薯规模效率均值为0.866 7，可见四川马铃薯生产在规模效率上还有很大发挥空间。

从生产所处的阶段来看，吉林和黑龙江处于规模报酬不变的阶段，说明它们的生产规模是合适的，其余省份马铃薯生产处于规模报酬递增阶段，说明这些省份可根据自身地理特点适宜地增加马铃薯的种植面积。

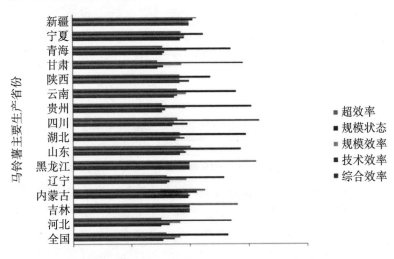

图6-7 2011—2015年对比区域各省马铃薯DEA效率分析

6.5.6 四川马铃薯产业发展对策建议

生产效率的测算方法主要有随机前沿生产函数（SFA）、全要素生产率（TFP）、非参数的曼奎斯特（Malmquist）、DEA及它们之间的综合应用。由于DEA方法不受主观因素限制，在农业中的应用越来越多，但在马铃薯生产效率中的应用还较少。肖阳等采用了二阶段的DEA-Tobit模型分析马铃薯生产效率，可以解释效率差异原因，但不能深入剖析引起效率差异的环境部分原因。易晓峰等运用了三阶段DEA方法，但该法要求数据满足等幅的扩展性，无法应用在时间序列数据中，使得年代效率不能直接比较。上述两种研究主要针对微观的农户调研数据，虽然对农户有具体的指导作用，但对宏观的分析作用不大。

本研究采用基于阿基米德的超效率DEA方法，虽然存在一些环境因素和随机误差，但可以对四川马铃薯生产年代效率进行比较分析，了解四川近些年马铃薯生产效率趋势，并可以开展投影分析，明确非DEA有效的四川马铃薯生产效率低下的原因；同时将马铃薯主要生产省份近几年生产效率进行综合比较，明确四川省在全国范围内的生产效率综合实力。

尽管近些年在国家马铃薯主粮化、四川相关政策的推动下，四川已成为全国马铃薯种植面积、鲜薯产量大省，但是从本研究结果看，四川马铃薯综合生产效率非DEA有效，生产技术效率、规模效率都需要提升，并且规模效率俨然成为影响四川马铃薯综合效率的最重要因素。虽然目前鲜有针对四川马铃薯生产效率分析的报道，不能直接对结果进行比较分析，但是从其他相关文献[1]，可知规模效率不仅制约着四川也制约着其他省份的生产效率的提高，种植规模已成为影响中国马铃薯生产效率提高的因素之一。另外，四川丘陵山区种植规模小，土地细碎分割，机械化水平低，成为生产成本的提高的原因之一；物质服务费、人工费和土地成本是促使马铃薯生产成本快速增长的重要原因，影响着

---

①马国勇，范艺文，贾宁.中国马铃薯生产影响因素的实证分析[J].统计与决策，2016,13：136-140.

马铃薯种植收益，这一结论与罗其友[①]等的研究一致。

　　研究还得出全国马铃薯生产技术效率均值无效，马铃薯生产省份技术效率差异明显，表明我国生产技术水平低，技术水平的提高是提升生产率的关键所在，这与王桂波[②]等的研究结论一致。从综合效率与规模效率来看，吉林处于有效的生产前沿面上，黑龙江、吉林、内蒙古、新疆处于技术有效的前沿面，其余省份技术效率和规模效率方面存在不同程度潜力，这一结果基本与易晓峰等的研究结论一致，不同在于本研究黑龙江也处于有效的生产前沿面上，新疆处于技术有效的前沿面，可能因为选取的评价指标不同。从规模报酬上看，除了吉林省处于规模报酬不变的阶段，其他省都处于规模报酬递增阶段。这一结果基本与易晓峰等的研究完全一致。

　　目前运用DEA法分析马铃薯生产效率的研究还比较少，且多数以微观分析为主，以深入农户的调研数据为面板数据开展分析，对具体的研究对象确有指导意义，但缺乏对省域的宏观指导作用，而现有宏观层面的研究主要着手于中国马铃薯主要产区或部分产区某一年的生产率情况，对省域层面马铃薯的生产效率研究很少，且鲜有开展投影分析来明确各省生产效率低下的具体原因。本研究对四川省马铃薯生产效率展开深入分析，同时将其与其他马铃薯生产省份进行对比，明确了自身地位，为今后四川烤烟产业发展方向、结构调整奠定理论基础。但由于本研究是基于四川省马铃薯生产的总体情况，不能对四川省各市的具体情况进行很好的指导，建议今后开展四川省各个市县的马铃薯生产效率

　　① 罗其友，刘洋，高明杰，等.我国马铃薯产业的现状与前景[J].农业展望，2015,1：35–40.

　　② 王桂波，韩玉婷，南灵.基于超效率DEA和Malmquist指数的国家级产粮大县农业生产效率分析[J].浙江农业学报，2011，23（6）：1248–1254.

评价，有助于优化产业区域布局。

本研究使用基于阿基米德的扩展DEA方法研究2011—2015年间四川及生产马铃薯的主要省份的生产效率，得出以下结论：

（1）四川马铃薯生产非DEA有效。四川烤烟综合效率、规模效率、超效率小于1，从静态上表明马铃薯生产无效，距最有效的生产前沿面还有一定的距离。技术效率趋近1，说明四川马铃薯生产技术得到有效发挥，还有增长的空间；规模效率小于1但规模状态大于1，说明四川马铃薯生产规模存在不合理处，规模效率明显制约综合效率的提高。根据省情适宜地调整马铃薯生产规模及结构，有望进一步提高生产效率。

（2）四川马铃薯生产存在投入冗余和产出不足现象。马铃薯生产的物质费费用、土地成本和人工成本冗余量高，说明三者是推动四川马铃薯生产成本上升的重要因素。现金收益产出不足，农户没有得到应有的利益。合理利用土地资源、大力发展推动土地流转、规模化、机械化生产是提升四川马铃薯生产效率的重要着力点。

（3）全国生产效率存在区域差异。全国马铃薯生产平均水平的综合效率值为0.779 1非DEA无效，受技术效率的制约明显。依据综合效率值将15个省划分为4个类型：黑龙江和吉林各效率值达到1；内蒙古、山东、陕西、宁夏、新疆的综合效率值在0.9～1之间；辽宁、四川、湖北、云南的综合效率值在0.8～0.9之间；河北、贵州、甘肃、青海的综合效率值在0.7～0.8之间，其中河北、辽宁、贵州、云南、甘肃、青海的技术效率明显制约综合效率的提高，其余省份的规模效率影响着综合效率的提高。

第7章
基于SWOT模型的四川优势农产品
竞争力分析

7.1 四川省水稻竞争力分析

水稻是我国主要的粮食作物之一，随着我国耕地面积的不断缩减，土壤污染、土质恶化、水资源短缺及环境污染等问题日趋严重。水稻育种行业的发展，将成为水稻生产产量和质量的基础保障。四川省是我国水稻种植大省，常年种植面积200万公顷左右，占粮食面积的30%左右，产量占粮食总产的40%以上，是我省第一大粮食作物。"十二五"规划期间，四川省水稻育种攻关在品种选育上取得了突破性进展，育成并通过省级及以上审定的杂交水稻新品种近180个次，在全国名列前茅。但是在严峻的环境危机和我国农业经济转型的背景下，四川省水稻育种行业的未来发展必须综合分析自身的优劣势，构建核心竞争力，进而保障四川省甚至全国口粮安全产量。

SWOT模型是基于内外部竞争环境和竞争条件下的态势分析，是企业战略管理中最常用的分析工具，通过评价企业的优势（strengths）、劣势（weaknesses）、机会（opportunities）和威胁（threats），明确企业自身核心竞争力，得出带有一定决策性的结论，根据研究结果制定科学的发展计划和对策。运用SWOT分析四川省的水稻育种行业，明确四川水稻育种行业在市场竞争中的优劣势，有针对性地构建四川水稻育种业发展策略，为促进四川水稻育种业未来发展奠定理论基础，为保障四川水稻粮食安全生产做出努力。

7.1.1 优势（strengths）分析

1.环境优势

四川省位于我国西南部、长江上游，具有水稻种植和水稻种子生产的优越自然条件。自然条件良好，气候温润，全年有240~280天日温≥10摄氏度；无霜期长，240~300天。雨量充沛，年降水量达1 000~1 200毫米；水资源丰富，有金沙江、嘉陵江、沱江、岷江、大渡河等江河水及大型水利工程都江堰作为灌溉水资源，可利用量充足①。土壤肥沃，耕地质量良好，有较完整耕地质量监测体系。各类农作物种子生产基地6.7万公顷，我省水稻制种技术力量强，有明显的生产优势，是国家确定的水稻种子核心繁育基地②。截至2016年12月统计显示，适宜四川种植的水稻品种有368个，其中省级审定品种224个，国家审定品种142个③。四川农业素有精耕细作的优良传统，制种产量高，质量好，杂交水稻制种面积产量连续20年居全国第一④。

---

①四川省农业厅.优质水稻高产栽培技术手册[DB/OL]. http：//www.scagri.gov.cn/kjfw/zzjs/201303/t20130328_310460.html,四川省农业厅网站,2013-03-28.

②林刚，张德银，罗学芳，等.四川水稻制种基地建设的调查与思考——以宜香优杂交稻制种基地建设为例[J].中国种业,2013,3：28-30.

③四川省种子站.截至2016年12月适宜四川种植的主要农作物品种[DB/OL].http：//www.chinaseed114.com/seed/12/seed_56790.html 2016，四川种业信息网,2017-01-22.

④王军.四川：杂交水稻制种面积产量连续20年保持全国第一[DB/OL].http：//www.sc.gov.cn/10462/12771/2015/11/4/10357678.shtml,四川省人民政府网，2015-11-04.

2.人才优势

科技是推动行业发展的重要因素之一。四川省科技厅从"六五"规划期间开始就有计划地组织全省各科研院所、高等院校和种子企业启动"六大"作物育种攻关计划。据四川种业信息网不完全统计，四川省水稻育种攻关协作单位有20余家，商业化育种单位10余家，部、省两级认证种子企业112家。目前，四川省建成了2个国家区域技术创新中心，6个农作物改良中心，18个省级以上重点实验室[①]，全省有2 000多个从事农作物研究及育种的工作者。水稻育种专业人才储备丰富，研究人员200余名，其中高级职称60余人，有省学术和技术带头人14人，为水稻育种产业的未来发展打好了人才基础。

3.政策优势

①我国农业部制定"十三五"规划发展方向是推进农业现代化进程中保持粮食产量总体稳定，中国谷物自给率保持在95%以上，水稻、小麦等口粮自给能力达到100%。四川是水稻生产大省之一，这就要求四川省各水稻育种单位保证水稻品种的质量和产量。②2014年，为贯彻落实《国务院办公厅关于深化种业体质改革提高创新能力的意见》，四川省提出如下实施意见：一是积极开展科研成果鉴定和专利保护；二是鼓励育种科研人员创新创业，保障产学研合法权益，引进技术人才，开展合作研究、提升自主创新能力；三是加大财政科研经费和专项资金的支持力度，建设和保护种子生产基地，提升良种生产能力，加大支持力度。③围绕《农业科技发展纲要》的实施，四川省农业科技成果转化资金将重点支持新品种（品系）及良种的选育、繁育技术。四川省在水稻育种攻关上，实行"政府引导、企业参与、产学研

---

① 舒长斌,张熙.关于提升四川省农业科技创新能力的思考[J].四川农业与农机,2014,3：12–14.

结合"的协作机制，鼓励合作、联盟。2012年四川省制定了《四川省国家级杂交水稻种子生产基地建设规划（2012—2020年）》，为四川省水稻种子的繁育、生产的规模化、专业化发展奠定了基础。

4.成果优势

"十一五"和"十二五"两个五年计划期间，在四川省广大科技人员的辛勤努力下，培育出一系列的水稻新品种，丰富了我省的水稻种质资源，使四川省水稻育种工作取得了重大突破，整体研究水平名列全国前列。在过去十年，四川省水稻育种单位在品种选育、科研成果等方面取得了显著成效。"十一五"规划期间①，有202个水稻新品种通过国家或省级审定，创制优异骨干亲本材料84份；国家发明专利28件；国家植物新品种138项，发表论文400余篇，其中，SCI收录43篇；获得国家、省、市各级奖励35项，其中，国家科技进步二等奖2项，省部级科技进步一等奖9项；育成品种在省内外及国外累计推广300万公顷。"十二五"期间，四川省水稻育种攻关在品种选育上取得了突破性进展，育成并通过省级及以上审定的杂交水稻新品种近180个次，育成品种数量、质量居全国前列，特别是中籼育种水平居全国领先②。申请和获得品种保护权106项，申请和授权发明专利34项，获各级成果奖5项，发表论文254篇，其中SCI 54篇；育成品种推广面积420万公顷；创造了良好的经济效益，保障了四川省乃至全国的粮食安全生产。

5.品种优势

一个水稻新品种通常在推广种植3年后便会出现品种退化现

---

① 彭建华，何希德，喻春莲，等.产学研协同创新的实践与思考——以四川省"十一五"杂交水稻育种攻关为例[J].农业科技管理，2014，33（6）：28-31.

② 科技厅.四川"十二五"水稻育种取得"三大突破"[DB/OL]. http://www.sc.gov.cn/10462/10464/10465/10574/2016/4/19/10376747.shtml.四川省人民政府网,2016-04-19.

象，但四川省水稻主导品种丰富，是四川最具有比较优势的农作物[1]。2009—2016年，四川省水稻主导品种为28个（数据来源于2009—2016年四川省农作物品种审定委员会发布的农业主导品种资料），全部是由四川省省内育种单位选育的。四川杂交水稻已覆盖南方稻区16个省市，省际调剂量占全国的35%~40%，出口量占全国的50%以上，位列全国第一[2]。优良、稳定且丰富的品种是市场核心竞争力的优势体现，是育种行业发展的基石。

7.1.2 劣势（weaknesses）分析

尽管四川水稻育种业的发展具有自然资源优势，具有技术人才优势和政府政策扶持、资金支持，在全行业中具有竞争优势，但是四川育种业的发展还存在诸多问题。

1.科研能力不平衡

科技是一个行业发展的根本动力。据四川省农业科学院调查显示[3]，四川省具有一定科研实力的育种单位主要集中在农业科研院所和高等院校，而超过80%的种子企业科研能力水平低甚至无自主研发能力，只有靠引进省内外其他单位的品种来维持经营。而科技人才的稳定性极强，目前体制内中高级科研人员不愿或很难流动，导致行业内部资源配置不合理，科学技术不平衡。

2.品牌意识淡薄

随着我国种子法的颁布实施，四川省越来越重视水稻品种的审定和保护，注重品种权问题及专营产品经营。四川省自主研

①陈春燕，李晓，杜兴瑞.四川省水稻主导品种性状分析及对水稻育种的展望[J].中国稻米，2015，21（2）：4-7.
②马国岩.水稻生产机械化发展现状与对策[J].农机使用与维修,2016,5：20-22.
③邓荣生，梁蔚.四川水稻种业的SWOT分析[J].专题论述，2015（11）：9-11.

发、培育的优良、稳定水稻品种资源丰富，在全国名列前茅。但是却忽略了树立"川种"品牌，没有形成品牌效应。事实证明，成功的种业寡头都创立了自己的品牌，充分发挥品牌优势，进而在市场竞争中占主导地位。四川省育种业要在全国乃至世界具有竞争力，且保障四川省育种业的良性发展，就必须树立自己的品牌。

3.突破性品种少

近10年来，虽然四川省各育种单位选育、审定的水稻品种数量多达400余个，但是由于育种技术路线单一、科研资源分散、种质资源有限而导致的遗传基础狭窄、育种创新投入不足等原因造成突破性品种较少，进而导致在农业推广应用中仍然是一般品种居多，主导和强势品种极少。四川省水稻育种业在未来的发展中要占据市场主导地位，就要求各育种单位、科研人员不仅要在新品种数量上占优势，更要自主培育突破性品种，在品种质量上下功夫，保障四川省水稻育种的良性发展。

7.1.3 威胁（threats）分析

1.市场竞争加剧

我国作为水稻种植大国，每年对水稻种子的需求量居世界前列。据中国产业信息网统计显示，2016年我国杂交水稻和常规水稻的市场规模分别是207亿元、236亿元，且预计2017—2020年市场规模将稳步上升。尽管我国水稻育种、产业、推广在一定程度上延缓了国际种子企业对我国水稻种子市场份额的占领，但是行业市场竞争加剧。尽管四川省每年培育的水稻品种数量多，推广种植的品种能够满足四川省甚至其他地区的水稻种植需求，但是四川省水稻种植业零、散、多、小的局面使得四川省水稻种植业将面临越来越激烈的国际、国内市场竞争。我国的水稻种子市场潜力巨大，且目前没有形成市场垄断。四川省各育种单位与种植业企业应该加强品牌间合作，树立"川种"品牌，提高市场竞争力。

2.品质竞争力弱

四川省人民以大米为主食，随着社会经济的发展，人民生活水平的提高，不仅要吃饱还要吃好。四川省水稻种植类型以籼稻为主，从水稻品种质量供给能力方面分析，优质水稻品种少，适合农业生产推广种植的优质品种更少。四川省在推选水稻主导品种时对产量指标的考量较多，"川优6203"是业界公认的一个优质品种，但其产量比其他品质较差的品种低，且后期加工需求、设备与技术指标的统一度不够①。四川省长期以来，水稻育种以高产为主要目标，育成的水稻品种很难在产量和品质上同时保证，繁育的优质稻米稳定性普遍较差。此外，水稻病虫害影响四川省水稻产量和品质。这些因素都将严重影响四川省水稻育种业的发展。从国内国际市场分析，米质是影响价格的关键因素，如泰国香米凭借其优良品质，其价格是普通大米的2~3倍，尽管如此，它在中国的销售状况良好。2015年中国泰国香米市场调查研究报告显示，在我国各地区区域市场份额均占有优势，在华东地区所占市场份额高达23.65%。四川省水稻育种在国际、国内品质市场方面处于弱势，要求四川省水稻育种首要攻关问题是提高稻米品质。

7.1.4 机会（opportunities）分析

1.市场机遇

随着我国人口政策的放宽，人口持续的增长，城市化建设进程的加快，食品消费结构的升级，市场对口粮的刚性需求增加。近年来，由于粮食增产受水资源、耕地资源、劳动力等生产要素的制约，工业用粮和畜牧业用粮急剧增加，导致在"十三五"规划期间

①熊鹰，杜兴瑞，林正雨，等.新时期四川农业科技创新面临的挑战与对策研究[J].农业科技管理，2016，35（4）：12-15.

及未来更长一段时间，我国粮食产需缺口矛盾愈加凸显。目前，我国水稻种植面积3 000万公顷左右，居世界第二位，总产量2.04亿吨，居世界第一[①]。但这仍然不能满足我国的水稻市场需求，因此，优质、高产的种子作为加强粮食生产能力建设和粮食安全保障的主要措施，为四川水稻育种业的发展创造了极大的机遇。

2.水稻价格趋好，政策扶持

随着市场对粮食的需求量的增加，供求矛盾的加剧，国家惠农政策、农民种粮补贴政策的贯彻落实，2002—2016年，农民种粮收益逐年上升。尤其是近年来，水稻市场价格呈稳中有升的良好发展态势，2016年，水稻种子的市场均价为杂交稻78.91元/千克，常规稻种子均价为10.25元/千克。与2015年相比，分别提高了9.99%、9.98%。根据国家发改委、国家粮食局等部门《关于印发小麦和稻谷最低收购价执行预案的通知》（国粮调〔2016〕55号）有关规定，2016年生产的早籼稻、中晚籼稻和粳稻的最低收购价格每50千克分别为133元、138元和155元，提高了广大农民群众参与水稻种植生产优质稻、常规稻的积极性。国家大力支持农业产业发展，出台各项惠农扶农措施，持续提高粮食最低收购价，增加粮食储备，减少谷物进口。在农业发展的新形势下，优良的种子是产量、收益的基本保障。在水稻价格稳定上涨，优质水稻种植在全国各地推广的大环境下，必将促进四川省水稻育种的快速发展。

7.2 四川省烟叶竞争力分析

竞争力是市场主体在市场竞争中通过各种比较指标表现出来

---

① 四川省科技厅.四川"十二五"育种攻关实现"三提升三推动" [J].技术与市场,2015,22（4）：1.

的综合能力，有大小强弱之分。然而烟叶作为一个产业，其竞争力更是各方面的因素共同作用而成①。生产要素主要是指发展四川烟叶产业所需要的自然资源、成本投入、人力资源、技术投入等的要素投入。

由于烟叶可加工制成各种烟制品——卷烟、雪茄烟、斗烟、旱烟、水烟、嚼烟和鼻烟等，带来较高的经济价值，在发展地方经济、增加国家财政积累方面的作用很突出，被农民称为致富的"短、平、快"作物。然而在中国经济转型的宏观大背景下，烟叶产业经济面临着严峻的考验——继续实现合理范围内的税利增长的目标所面临的压力越来越大，"市场化取向"将成为烟叶产业的聚焦热点，烟叶行业间的竞争必将炙热化。

四川省有着悠久的烟草种植历史，早在明末、清初，烟草便在川内各地广为种植。迄今为止，四川已建成全国战略性优质烟叶基地。烟叶生产已成为四川省特色产业，成为四川卷烟工业、财政增税、农民增收的支柱产业。然而在"市场化取向"的新形势下，四川烟叶产业要在竞争激烈的市场环境中立于不败之地且发展壮大，必须综合分析自身的优劣势，明确比较优势，构建自身核心竞争力。

目前，国内外学者就烟叶竞争力问题展开了大量研究。Lee Sungkyu等人通过研究跨国烟草公司（TTCs）自1988年以来，对韩国实施的烟草发展战略，明确了市场需求与知名品牌是TTCs打开并占据韩国烟草市场的主要竞争方式。唐亮和王井双通过计算印度、美国、巴西、德国、中国烟草产业的进出口数据，比较各国烟草行业的各种竞争力指数：国际市场占有率指标、贸易竞争指数、显性比较优势指数、进出口价格比，总结中国烟草行业

①张晓莉,逢春蕾,尹作华.基于修正钻石模型的新疆生产建设兵团农业竞争力研究——与黑龙江农垦的比较[J].江苏农业科学, 2014, 42 (9): 413–415.

在世界竞争中所处的位置，并分析造成这种国际格局的原因。Wang Chongju 等人应用SWOT模型分析了云南烟叶产业的优、劣势、面临的威胁、市场竞争力情况，并提出建立物联网、整合产业链等提高竞争力的策略。苏新宏等人运用"钻石模型"分析河南省烤烟产业集群的优势与不足，并提出促进河南省烤烟产业集群的发展和烤烟产业集群竞争力提高的建议。王建新运用SWOT模型及经济学的分析方法剖析了河北省现代烟草农业情况，提出了河北现代烟草农业提高核心竞争力的基本思路。王红平等人对龙岩烟草产业展开了SWOT分析，认为龙岩具有地理环境和烟叶特色优势，但存在科技创新能力不足、企业运作效率低下、品牌竞争力等劣势，提出促进龙岩烟草产业发展与提高竞争力的对策建议。张强对汉中烟叶品牌发展进行SWOT分析，提出促进"汉江源"烟叶品牌发展的战略措施。张辉以永定县烟叶发展现状为研究内容，构建 SWOT 分析矩阵图，对 SO、ST、WO、WT 策略进行甄别和选择，有针对性提出永定烟叶生产实现可持续发展的战略规划。周霞霞等人基于竞争力理论分析研究，提出体现烟草品牌竞争力形成机理的贡献要素模型，为烟草企业制定品牌竞争策略提供支持。陆继锋等人应用国内资源成本系数法（DRC）进行国际竞争力比较研究，提出在生产要素价格低廉优势逐渐削弱的情况，必须加强烟叶生产经营管理，提高工作质量和产品质量，降低生产成本，从而保持竞争力。现有的关于四川烟叶SWOT分析的研究，主要是从生产和可持续发展战略这两方面展开的研究，鲜有从经济学角度研究四川烟叶产业核心竞争力的报道。

　　从上述研究中，可以看出无论是宏观上从烟叶产业国际竞争力分析，还是微观上从烟叶生产力、品牌、经营方式、物流方式等竞争力研究，烟叶产业竞争力分析已成为学者们研究的热点，而SWOT模型是学者们进行烟叶竞争力分析的常用方法。随着控烟形势日益严峻，烟叶市场集中度持续提高，生存压力的增加使得国内外市场的竞争越发激烈。作为全国战略性优质烟叶基地的四川，研究烟叶产业竞争力并提出适合四川烟叶产业健康可持续发展的策略已是当务之急。

本研究在四川省主要农产品比较优势分析的基础上，应用成熟的SWOT模型，通过半定量与定性分析，明确四川烟叶产业参与市场竞争的优劣势，有针对性地提出构建四川烟叶产业核心竞争力的发展策略，为促进四川烟叶产业跨越式发展奠定理论基础，为四川保持经济快速发展、人民生活改善的良好局面做出积极努力。

7.2.1 优势（Strengths）

1. 自然资源优势

四川省位于中国西南部、长江上游，是中国西南的腹地，其川西南、川南、川北区分别属于亚热带季风气候类型高原气候、中亚热带湿润季风气候、北亚热带季风气候，气候条件（气温、降雨量、光热资源等）是优质烟叶生长适宜区。川西南烟区是全国典型的"清香型"风格烟叶产区；四川大巴山腹地尤其是达州，是我国四大白肋烟产区之一，其生态条件对白肋烟生长和烟叶晾制十分有利。此外，前人根据平衡施肥项目对四川烟区土壤样品进行了大量分析，结果显示：四川烟区土壤结构良好、pH值5~7、坡度小于25度、氯离子小于45毫克/千克是良好的植烟土壤[①]。加之四川水资源也很丰富，烟区主要以雅砻江、金沙江、嘉陵江、大渡河等江河水作为灌溉水资源，可利用量充足。由此

---

① 谢良文. 基于SWTO的四川省烟叶生产可持续发展战略研究[M]. 四川农业大学，2009.

可见，四川烟叶生产在气候、土壤、水资源这些自然资源方面占据一定优势。

2.基础设施优势

烟叶基础设施的建设与烟叶生产质量紧密相关，搞好烟叶生产基础设施建设是烟叶产业的基础。截至2014年，四川省已累计投入70多亿元资金，全面加强八大基础设施、水源工程建设和土地整理，完成烟基项目48.6万件，建成460万亩基本烟田、87个基地单元、557个基层站点、98个烟农合作社，全省已形成覆盖31个县市、485个乡镇的基本烟区，且有一支2 700多人的烟技员队伍。具有一定规模的烟水、烟路、烤（凉）房、防雹、仓储、打叶复烤等基础设施，极大改善了四川烟农生产生活条件，解放和发展了烟区社会生产力①。

3.烟叶生产力综合比较优势

农产品拥有的市场份额和市场扩张力是一个国家、地区、企业或产业竞争力的综合体现。然而市场上的竞争力与农产品的种植面积、产量、生产力与供给能力紧密相关。综合比较优势指数能从地区规模化、专业化、生产力角度、供给能力反映农产品的比较优势和竞争优势。在《四川省主要农产品比较优势分析》研究中显示：2009—2011年四川烟叶的综合比较优势指数在全国排名第5，且综合优势指数以1%的幅度逐年增长，其规模优势指数以4%的比例逐年增长。从2012—2013年烟叶种植情况来看（见表7-1和表7-2），四川的播种面积位居全国第4，虽然总产量也位居第4，但每公顷产量却位居全国第3和第2，蕴藏着巨大的发展潜力。2014年四川种植烤烟138.43万亩，占国家局下达计

---

① 七年铸就新高度[N]. 四川日报,2014-07-17.

划的96.47%；种植白肋烟1.88万亩；种植晒烟0.84万亩①。烟叶总产量增长到400万担，全省烟农荷包里的收入跃至50.6亿元，户均达到3.9万元，同比增长25%，烟叶生产普惠烟农的作用凸显。

表7-1　2012年烟叶种植情况

地区	播种面积	总产量	每公顷产量
云南	495.3	1 055 660	2 131
贵州	212.2	343 244	1 617
河南	124.7	292 453	2 345
四川	117.1	249 297	2 128

单位：千公顷、吨、千克

表7-2　2013年烟叶种植情况

地区	播种面积	总产量	每公顷产量
云南	545.2	1150 017	2 109
贵州	249.2	392 768	1 576
河南	125.4	306 762	2 446
四川	122	274 494	2 251

单位：千公顷、吨、千克

备注：表7-1和表7-2中数据来源于《全国农产品成本收益资料汇编》②③。

① 黄德磊."三大课题"的四川实践——四川省局（公司）全面推进特色优质烟叶开发 [EB / OL]. http：//www. tobaccochina / tobaccoleaf / roundup / update / 20147 / 201471615750_631440.shtml，烟草在线，2014-07-17.

②国家发展和改革委员会价格司.全国农产品成本收益资料汇编[M].北京：中国统计出版社，2012.

③国家发展和改革委员会价格司.全国农产品成本收益资料汇编[M].北京：中国统计出版社，2013.

4.品种与品牌优势

在农业市场中品种是市场竞争的基石，拥有优良的品种，便能掌握市场的主动权。目前四川凉山、攀枝花地区生产的"清香型烤烟"是行业内唯一的国家地理标志保护产品，其优良的清香型品种有红花大金元（红大）、津巴布韦KRK26、云烟85、云烟97、云烟87、K326，其中红花大金元、津巴布韦KRK26品种备受烟企青睐，2014年四川种植"红大"51.09万亩，占总量的36.91%；"红大"增加12.35万亩，占全国增量的26.28%。而特色优质品种QL-3是四川第一个获得国家级审定的烤烟新品种，获得国家级好评。市场竞争中，品牌代表着产品的质量，企业的形象和信誉，与消费者紧密相关，一个企业、产业要想做大做强，必须树立自己的品牌。在中国烟叶品系中独具特色的"大凉山清甜香"型烟叶已独树一帜，成为多家卷烟企业名优品牌的"稀缺资源"，成了"娇子""中华""芙蓉王"等高档卷烟的主配方。四川烟叶已进入全国17个卷烟重点品牌的原料主配方。

7.2.2　需求要素分析

全球大约有120多个国家种植烟叶，但主要的五大烟区在中国、印度、美国、非洲、巴西。中国是世界第一烟叶生产大国。随着卷烟、烤烟工业企业品牌规模的迅速扩大，市场对优质烟叶原料的需求信号愈发强烈。在国内市场上，全国有十多家卷烟生产企业使用"大凉山清甜香"型烟叶，"中华""黄鹤楼""芙蓉王""苏烟"，这些中国乃至世界都赫赫有名的品牌卷烟离不开凉山的优质烟叶。2010年以来，全国卷烟工业企业对凉山烟叶需求量都在270万担以上，独具"清甜香"风格特色的凉山优质烟叶，需求缺口逐年增大，成为全国卷烟工业企业的"稀缺资源"[①]。在国际市场上，四川烟叶主要出口东南亚和欧美地区。2009年四川省共出口烟叶21 591.93吨，创汇4 612.82万美元。2010年四川同津巴布韦、古巴等国合作，2012年同英美公司、环球公司、联一国际公司合作，在烟叶品种、栽培、生产等方面进行创新，出口烟叶加工。四川烟叶尤其是凉山的"山地清甜香"型深受市场欢迎，2014年凉山彝族自治州计划种植烟叶面积100万亩，收购烟叶263万担，其中收购国内计划烟叶241.5万担，收购出口备货烟叶21.5万担[②]。四川优质烟叶呈现出供不应求的良好局面，优质烟叶在市场上的竞争力日益提高。

7.2.3 相关行业及支持行业分析

产业要形成竞争优势，不能缺少上下游产业的密切合作，不能缺少相关产业相关行业的支持[③]。烟叶产业的相关和支持产业有生产、加工、收购、销售等上下游产业。如果烟叶的相关行业和支持行业综合实力雄厚就能给烟叶产业带来潜在的竞争优势[④]。四川烟叶产业在相关行业和支持行业方面的竞争优势主要体现在配套体系较为完善，特色优势明显。在生产方面，四川有着全国重要战略性优质烟叶基地，综合服务合作社在育苗、机耕（起垄）、植保、烘烤、分级等各生产环节为农户提供专业化、机械

①张崇宁.大凉山"清甜香"型烟叶成为全国卷烟企业主配料[EB/OL]（http：//www.ls666.com/channel/industry/2010-11/20101110_industry_rdjj_61152.html）凉山新闻网2010-11-10.

②四川凉山开展2014年烟叶生产收购政策宣传工作[EB/OL]（http：//news.tobac-cochina.com/tobaccoleaf/roundup/update/20143/201431485656_611198.shtml），烟草在线，2014-3-17.

③杨睿.基于钻石模型的江苏省战略性新兴产业SWOT分析[J].南京财经大学学报，2014，2：29-37.

④施卓宏，朱海玲.基于钻石模型的战略性新兴产业评价体系构建[J].统计与决策，2014，10：51-53.

化、标准化作业服务，降低了生产用工及成本投入，提高了种烟收益。2014年四川开展50万亩特色优质烟叶工程，全面推进100万担"红大"工程，打造280万担金沙江流域优质特色生态烟区，推行科技兴烟：井窖、膜下移栽推广77.06万亩，凉山烟区"神八"太空育种取得46份高世代育种材料。在加工方面，四川烟叶主要的加工基地的生产设备和工艺技术均是"高配"，重点推广"清洁选叶"模式，吸引美国环球烟叶公司在宜宾复烤厂代加工烟叶。在收购方面，四川省局会对烟区的烟叶收购进行督导检查，而各产区会认真制定烟叶收购工作方案，严格按照合同约定收购数量开展烟叶收购。2014年全省共召开收购政策培训1 604次，开展政策宣贯培训11.12万人次，发放宣传资料10.58万份，公示条幅2 001幅，扎实推进收购工作。在销售方面，四川烟叶产业有着较为完善的营销服务体系，"以市场为导向，以客户为中心"有重点、分层次地进行市场营销开拓。2014年，四川成都局构建面向消费者的现代卷烟营销体系，推出终端"微商圈"，开展品牌推广、互动营销、店铺宣传、客户关系管理等一系列应用服务。

7.2.4　企业的战略、结构和行业竞争对手分析

在钻石模型中，企业是关键要素，一个产业在竞争中是否具有优势，往往直接表现出来的就是是否拥有一批具有竞争力的企业，而良好的企业战略和组织架构更为在竞争中取胜增添了筹码，市场强有力的竞争对手是创造与持续产业竞争优势的关联因素。与国外烟叶企业相比，四川烟叶企业存在烟叶发酵技术落后、烤烟技术水平低、技术措施落实不到位、创新能力不足、市场竞争力弱等问题。在国内市场中，虽然四川烟叶的产量较高，但存在品类不齐全、整体质量不高、烟叶精细化管理水平低等问题，影响着四川烟叶在市场中的竞争力。近年，

四川企业调整发展战略，提出科技兴烟，坚持市场、品牌、创新、问题"四个导向"，确保四川烟叶再上新水平，提升烟叶等级质量，将四川打造成门类齐全、品种多样的烟叶强省的战略部署；同时设立了优质烟叶目标奖，明确烟叶产量计划增减要和生产质量挂钩，实行烟叶工作"双考核"（传统考核+激励考核）机制，对上等烟比例、收购等级合格率和工商交接等级合格率进行考核奖励，以复烤入库为突破口提升质量，增强四川烟叶综合竞争力。

7.2.5　四川烟叶产业发展的 weakness 分析

尽管四川烟叶产业的发展具有气候与土壤资源的优势，具有种植规模与产量的优势，具有良好的政府政策与资金的大力支持，具有潜在的竞争优势，但与国外环球公司、国内云南等先进烟叶产业相比，四川烟叶产业的发展还存在诸多问题。

1.生产技术相对落后，烟叶整体质量有待提高

在农业生产中，生产技术水平直接影响着农产品在市场中的竞争力，先进的生产技术有助于降低产品成本，提高产量与质量，从而提高市场竞争力。四川烟叶综合生产技术相对落后，主要表现在：烟农重产量轻质量，种烟随意性较大，烟叶生产不规范，技术到位率普遍偏低；调制和发酵技术较为原始和简单，大都采用晒制法或半晾半晒法。目前，四川烟叶生产绝大多数是依靠外来的技术输入，自身创新能力较弱，优质烟叶生产比例低，生产效率有待提高。另外，在《四川省主要农产品比较优势分析》研究中显示：2009—2011 年四川烟叶的效率指数在全国排

名第12位，虽其规模优势指数以4%的比例逐年增长，但其效率指数则以2%的比例逐年下降；可见四川烟叶生产技术有待提高，从而进一步提升市场竞争力。

2.特色烟叶品种不多，烟叶质量和结构存在差异

特色优质烟叶的开发对提升烟叶质量水平、优化烟叶资源配置、提高市场竞争力具有重要意义。四川特色烟叶主要为红大烟叶、津巴布韦系列、K326以及达白一号、达白二号，在我国其他地方如：云南、湖南也有大面积的红大烟叶及K326的种植，加之四川优质烟叶质量和结构存在差异：2013年，卷烟工业企业对四川烟叶上等烟比例需求普遍在60%以上，但四川烟叶实际收购的上等烟比例不足50%[①]，这使得四川特色烟叶并没有很好地彰显其特色，在市场竞争中面临着烟叶质量和结构问题的严峻挑战。

3.专业化服务体系不完善，服务能力弱，管理水平低

随着烟叶生产组织形式的变化，四川不断探索建立专业化服务体系，但由于大多烟区经济和社会发展水平低，烟叶种植较分散，烟农思想较落后、积极性不高、组织化程度低，使得专业化服务体系不完整、不具规模，服务覆盖的面积小、服务能力弱，局限在育苗、机耕等少数环节，整个服务体系抗风险能力弱。而且服务体系管理人员专业化知识水平不足，管理方面能力欠缺，服务体系管理水平低。

4.种烟比较效益下跌，烟农积极性下降

烟农是烟叶的生产者，是行业发展的主力军，烟农稳，烟叶产量才能稳，烟叶产业发展才能稳。但目前四川烟叶发展处于烟叶计划调减、卷烟增量放缓、税利贡献回落期。加之，物价水平

---

①肖瑞.四川烟叶：坚守"红线" 质量为重[J].中国烟草，2014（7）：40–41.

不断提高、烟用物资价格逐年上涨、种烟生产成本不断增加，种烟比较效益下跌，烟农积极性受到影响；另外四川农村大量青壮劳力外出打工，留守烟叶生产种植能力相对薄弱，且多数烟农认为，烟叶生产操作比较烦琐，劳动强度大，还要承担自然灾害风险。种种因素使得烟农积极性下降，从而会在一定程度上影响四川烟叶的发展。

7.2.6　opportunity分析和政府因素分析

从世界烟草发展的规律性趋势看，在未来一定时期内，烟草市场刚性需求仍然强劲。2013年世界烟草发展报告分析认为，2014年和今后一个时期，世界烟草将呈现烟叶生产稳定增长的发展趋势。尤其是第三世界国家吸烟群体所占比重大，对香烟的品质要求不高，控烟力度较弱，烟叶产业和主要的烟叶市场将加快向发展中国家转移，创造了规模庞大的市场。中国是世界第一烟叶生产大国，随着卷烟、烤烟工业企业品牌规模的迅速扩大，市场对优质烟叶原料的需求信号愈发强烈。

目前世界烟草市场处于寡头垄断格局，集中度很高，竞争非常激烈。为主动应对市场形势变化，四川政府对烟叶产业发展给予高度重视与支持。四川重视烟叶的基础设施建设、构建烟农企业利益共同体，打造烟叶质量评价体系和营销服务体系，提升四川烟叶规模化、专业化和质量特色水平，提升四川烟叶市场竞争力。2014年底四川省烟草专卖局（公司）又提出"定制化"生产理念，提升烟叶均衡性、稳定性、适应性，进而满足工业企业卷烟配方需求。在财政支持方面，四川政府对烟叶的投入资金也不断加大。据了解，四川省委、省人民政府2015年投入1 500万元专项资金，扶持烟农合作社建设，提升推进现代烟草农业建设。加之国内外工业企业对四川优势烟叶的青睐，四川与英美公司、环球公司、联一等国际公司的合作，无疑会使四川烟叶产业抓住"市场、政策"机会，在市场竞争中驶入发展的快车道。

7.2.7 四川烟叶产业发展的 treats 分析

经济全球化使原有的烟叶专卖模式逐渐打破，跨国集团公司掌控全球烟草市场的趋势日益明显，目前菲莫、英美、日本烟草公司"三大寡头"角逐争霸的局面已形成。我国虽然是烟草消费大国，但由于产品缺乏国际竞争力，国外市场很小，行业实力较弱，面临着挤压兼并的强大威胁。在国内市场，四川烟叶加工技术、烟叶质量都有待提高，缺乏知名烟草品牌、跨国公司及国内实力雄厚的跨国公司的强有力支持，在垄断格、兼并重组的格局下，面临着巨大的生存压力。另外，受公共场所禁止吸烟和卷烟税收与价格持续提高的影响，世界卷烟市场销量，但同时未来的新型烟草制品和电子烟将呈现加速增长趋势，并有可能促使烟草制品结构发生重大调整和革命性变化。这对以卷烟销售为主的四川来说，无疑是一种冲击与挑战。

7.2.8 四川省烟叶产业核心竞争力提升途径分析

综合上述的需求要素分析、行业分析、企业战略、结构和政府因素分析以及SWOT分析，我们可以看出四川烟叶产业的发展具有自然资源、种植规模与产量优势等优势，具有一定的竞争优势，但同样也存在种种问题。为此，构建SWOT分析矩阵（见表7-3），甄别和选择SO、WO、WO、WT策略，发挥四川烟叶产业生产的优势因素，重点克服劣势因素，利用机会因素，提出一些针对性地提高四川省烟叶产业核心竞争的建议，为四川烟叶在新一轮的发展中提供参考。

表7-3 SWOT分析矩阵

	优势（S） 1.自然资源优势 2.基础设施优势 3.烟叶生产力比较优势 4.品种与品牌优势	劣势（W） 1.生产技术落后，烟叶整体质量不高 2.特色烟叶品种不多 3.专业化服务体系不完善 4.种烟比较效益下跌，烟农积极性下降
内　部 外　部		
机会（O） 1.规模庞大的烟草市场 2.四川优质烟叶的供不应求 3.四川政府对烟叶产业发展的重视与大力支持 4.四川与国际公司的合作	SO策略 1.立足优势，确保烟叶供应持续化。 2.提高烟叶质量管理，稳定烟叶生产力比较优势 3.拓宽市场，促使优势烟叶国际化、品牌化	WO策略 1.加强科技攻关国际合作，提高烟叶品质 2.以市场需求为导向，创新驱动品种培育，彰显特色品种 3.建立健全专业化服务体系，开展多元化服务 4.加强政府扶住工作，提高烟农积极性，稳定烟叶发展
威胁（T） 1."三大寡头"争霸局面已形成，面临兼并重组的强大威胁和巨大的生存压力 2.烟草制品结构发生重大调整	ST策略 1.立足优势，走"引进技术、消化吸收、自主创新、国际发展"之路 2.延伸触角至口含烟、电子烟等新型烟品，适应结构调整	WT策略 1.加强烟农知识培训，提高烟农素质 2.加大政府扶持力度，确保烟农合理的效益 3.设立境外子公司，扩大市场影响力

1. SO 策略

立足自然资源、基础设施基础，继续加大烟基建设力度，加强政府对烟叶产业发展的支持，稳定规模化种植水平，确保烟叶生产力方面的比较优势稳定上升，从而确保优质烟叶供应"持续化"。全面提升烟叶质量管理，加强与国际烟草公司合作，集成应用先进生产管理技术，保证烟叶内在品质，提升烟叶原料质量和结构水平，稳定烟叶生产力比较优势。主动应对烟叶生产发展新形势，同时拓宽烟叶销售渠道、销售市场。利用四川烟叶优势品种、优质烟叶，打造四川烟叶的品牌化、国际化，加速走向国际市场。

2.WO策略

①加强科技攻关国际合作，提高烟叶品质

科技是第一生产力，创新是第一竞争力，随着市场烟叶竞争的日趋白热化，烟叶质量和特色成为市场竞争的关键，而创新驱动则能通过技术变革提高烟叶的质量。四川烟叶质量不高，最主要的原因就是生产技术的相对落后。因此，提升烟叶质量水平，必须坚持依靠科技兴烟战略，增强自主创新能力，加强科技攻关与国际合作，提高烟叶生产各环节的技术水平，包括：育苗、移栽、管理、烘烤工艺、初分保管、调制发酵技术等操作技术水平，探索自身特色的绿色生产、标准化生产、清洁生产新方式，并加强监督管理确保技术措施落实到位；积极搭建以市场为导向的产学研合作的开放式创新平台，加强与国际烟草公司的合作，创新驱动品种培育，科技组织架构、推动成果推广，突出成果的集成转化，使得四川烟叶生产在更高水平上实现创新发展。

② 以市场需求为导向，创新驱动品种培育，彰显特色品种

在国家"双控"政策下——控种植面积、控收购数量，优质烟叶的需求量越来越大，其在烟叶产业发展中的作用也越来越重要。尽管四川烟叶的种植规模和产量位居全国前列，但上等烟比例却不高，严重制约着四川烟叶市场竞争力。为此，四川烟叶发展的当务之急就是优化烟叶结构。依据烟区生态条件、品种适应

性、市场需求性区域化种植烟叶，推行标准化烟叶生产，控制好下等烟产出的生产源头；扩大红花大金元、K326、QL3等优质特色品种的种植比例，逐步彰显四川特色烟叶，提升市场竞争力；严格规范栽培措施管理，加快现代技术手段的开发与应用，如：改进烘烤技术，推广密集型烤房，创新降焦降碱降杂方法，降低农药使用量等；提高烟叶的使用安全性，生产出等级结构和部位结构合理、烟叶质量特色明显的优质卷烟原料，进而提高市场竞争力。

③建立健全专业化服务体系，开展多元化服务

烟叶专业化服务体系建设是实现烟叶集约化生产和经营有效途径。围绕烟叶生产、加工、管理、销售等环节建立健全覆盖生产全过程、综合配套、专业化、社会化的服务体系，不断完善基本烟田的水利设施条件，提高水利设施的覆盖率、作业率；不断完善科技投入管理机制，让科技引领烟叶生产，不断完善烟叶生产激励机制，调动积极性，推动烟叶生产持续健康发展。合理发展专业户、专业服务队、专业合作社，充分发挥合作社组织优势，利用种苗、机耕、植保、烘烤、预检分级等专业化服务队伍，达到减少用工、降低成本、提高烟叶质量的目的。以市场需求为导向，拓宽渠道，开展多元化服务，进行电商、微商等服务。

④加强政府扶持力度，提高烟农积极性，稳定烟叶发展

烟叶收入是烟农的主要经济命脉，烟叶计划的趋紧、"控模"政策的实施一定程度上会减少烟农的收入，引起烟农的不良情绪，势必会影响其种植烟叶的积极性，从而影响烟叶质量。四川烟草部门应做好宣传、疏导和扶持工作。一是宣传"控膜"的必要性、重要性，做好烟农的心理疏导工作；二是统筹各块经济资源，通过经济引导，进一步加大等级价差，提高烟叶收购价格，让烟农包中有钱，确保烟农利益不受损，保持烟农的积极性；三

是通过技术指导和市场化的运作，让烟农对各种提质的措施执行由被动变为主动，提高上等烟等级比例，保证烟叶质量，让烟农获得丰厚效益，从而提高烟农积极性，稳定四川烟叶发展。

3.ST策略

面对巨大的生存压力，开拓国际市场，壮大自主品牌，"走出去"发展战略逐步成为中国烟叶产业发展的重大改革举措，对提升市场份额具有重要意义。四川烟叶产业发展亦是如此，在自身自然资源、基础设施、优势烟叶、特色品种的优势基础上，学习借鉴跨国烟叶产业发展的先进管理经验，熟悉市场运作模式，提高生产工艺水平，走"引进技术——消化吸收——自主创新——国际发展"的发展之路，同时通过"品牌共享"和战略收购，加快延伸触角至口含烟、电子烟等新型烟品，适应烟草制品结构的重大调整，形成全产业链整体竞争优势。

4.WT策略

创新烟叶生产组织模式，降低劳动强度，扩大烟农队伍，扩大运作规模，适应现代烟叶生产，发展机械作业规模化、烟叶烘烤规模化。加强烟农在生产技术与生产管理能力方面的指导培训，全面提高烟农素质。加大政府扶持力度，进一步合理调整烟叶收购价格，确保烟农合理的收益，吸引更多知识型的青壮劳动力返乡种烟，推进烟叶生产可持续发展和提升烟叶质量水平。以品牌输出为基础积极开展与跨国烟草公司的合作，设立境外子公司作为平台，发展电商、微商经营等经营方式，扩大市场影响力。

第8章

四川省优势农产品发展战略研究

8.1 优势农产品的区域布局

党的十九大报告明确指出"农业兴则民兴，民兴才能国强"①。农产品本身是农业活动的产物，会因为社会的发展需求被赋予不同意义。其中优势农产品主要是指在当地的自然资源、生产条件优越，且社会经济条件和产业发展基础好，市场前景广阔，商品量大，在一个（或多个）方面具有比较优势，经过扶持和重点培育后，能够有效促进农业增效、增强市场竞争力、辅助农民增收的农产品②。推进四川省优势农产品区域布局具有重要战略意义：①对农业结构进行战略性调整，形成科学合理的农业生产力布局。新阶段农业发展的中心任务是结构调整。对农业生产力布局进行优化，合理调整资源利用的方向，因地制宜地促进优势产品区域化和规模化，实现农业资源多层次、多途径的开发利用，构建支撑农业和农村经济稳定增长的平台，从而形成农业

---

① 张利真,周坤超,张明，等.我国特色农产品标准体系建设研究[J].标准科学,2020（4）：46–50.

② 四川省农业资源与区划上下集[M].成都：四川省社会科学院出版社,1986.

和农村经济新的增长点，提高农业的整体素质和增加农业效益。②带动其他相关产业的发展，实现农业增效和农民增收。实行倾斜政策，加大对四川优势产区的扶持力度，扩大国内市场份额，形成新的收入增长点。当优势农产品形成一定生产规模时，有能力延长农业产业链，推动"三次产业互动，城乡经济相融"，实现农业增效、农民增收。③积极参与国内国际的竞争与合作，增强四川农产品的市场竞争力。通过构建有区位品牌的农业产业带和产业区，在较短的时间内提高四川农业的市场竞争力，抵御省外、国外农产品的冲击，扩大农产品外销，也有利于四川农业在更大范围和更深程度参与国际国内的市场竞争与合作。④提高农业生产水平，加强对农业生产的管理，加快农业现代化进程。加强农业基础设施建设，提高农业生产和管理水平，在优势产区相对集中投入，有望促进优势产区率先基本实现农业现代化。通过优势产区的示范和带动，有利于加快全省农业现代化的进程。

为进一步做大做强我省农业主导产业，努力提高农业产业化经营水平，持续加快农民收入，统筹城乡经济发展，对农业农村的经济结构调整迫在眉睫，必须要深入推进优势农产品区域布局规划实施，充分发挥区域布局在创新开发、重组布局的带动作用，调整区域功能定位，明确主攻方向，全力促进农业现代化建设步伐[①]。

8.1.1 优势农产品区域布局的发展现状

经过多年发展，我国形成了以谷物为主导、种植业生产内部及农业种养结构协调性不断增强的农业区域布局。农业区域布局具有受地方产业规划与产业区域规划双重约束、农产品

---

①高晓宝.论作物合理布局原则——以晋中优势农产品区域布局规划实施为例分析[J].沧桑,2014（06）：133-135.

向优势产区聚集、农产品产地市场发展相对缓慢、特色农产品区域布局初步形成等特征。由于农业区域布局在我国较晚才得到重视，目前仍存在供给侧结构性矛盾问题突出、产业融合程度低、农业区域布局与资源禀赋不匹配、区域统筹仍存在体制性障碍、农业经营主体发展不协调等问题[1]。针对以上问题，我国对实现农业区域的分类定位、促进农业产业融合、区域统筹和各经营主体协调发展、加强政策保障等方面逐渐予以重视。

迄今为止，四川省的农业区域特色和优势尚不明显，产业区域布局仍不合理，农业专业化分工水平和产业带的生产集中度不高，区域化布局水平还比较低。再加上以前一直提倡的是"一村一品发展模式"，较多的产品不能适应现代农业成片成带的规模化生产。[2]。要进一步培育主导产业，推进农业产业化经营水平，合理地对农业和农村经济结构进一步调整，统筹城乡经济发展，持续促进农民增收，必须继续引深推进，实施优势农产品区域布局规划，明确农业发展的主攻方向，全力促进农业现代化建设步伐。目前，现代农业在土地经营制度、基础设施建设、服务体系建设、科技含量水平四个方面存在发展瓶颈[3]。基于包括经济因素、自然因素、人口因素和制度因素等区域因素对现代农业发展的影响，我国各级政府在制定区域农业产业政策时，应结合多种区域因素，利用资源优势，以市场为导向，优化组织结构，激发创新潜能，推进新一轮优势农产品产业布局，实现优势

---

①李竣，袁惊柱.我国农业区域布局的现状、问题及对策[J].中国农技推广,2019,35（10）：3-7.

②高晓宝.论作物合理布局原则——以晋中优势农产品区域布局规划实施为例分析[J].沧桑,2014（6）：133-135.

③杨伟霖，李一.区域优势与优势农产品产业可持续发展探析[J].四川行政学院学报，2010（4）：82-84.

农产品产业可持续发展。

8.1.2 优势农产品区域布局的发展前景

我国加入世贸组织后，既面临良好的机遇，也面临严峻的挑战。原有的农业结构已不能适应新阶段的要求。因此，农业部提出了立足发挥比较优势、建设优势农产品产业带、优化农业区域布局的构想。规划实施以来，喜逢党中央、国务院实行了一系列更直接、更有力的强农惠农政策，推动我国农产品区域布局工作迈出重大步伐，初步形成了一批在国内外具有一定知名度的农产品优势区，为加强农业基础建设、保障主要农产品有效供给、应对入世挑战、促进农民增收做出了积极贡献。实践表明，按照经济规律和自然规律，优化农业区域布局，实行相对集中连片的规模化生产、专业化经营，有利于提升生产组织化水平、增强产品竞争力、促进产业链条延伸，是在家庭承包经营基础上，夯实新农村建设产业基础、发展中国特色现代农业的必然选择[1]。四川省应紧跟社会经济发展要求，积极进行区域内农产品品牌发展，合理规划布局，大力发展农产品加工企业的转型升级。以特色农产品加工业聚集发展为龙头实施农业产业化，围绕优势特色产业布局，加强特色农产品加工基地和园区建设，推动各项生产要素向农产品加工业集聚，延长农产品加工链，提高农产品附加值，形成带动力强的特色农产品加工业体系[2]，为优势四川农产品品牌的建设和发展奠定坚实的基础。

---

①李竣，袁惊柱.我国农业区域布局的现状、问题及对策[J].中国农技推广，2019，35（10）：3-7.

②"四川省现代农业发展研究"课题组，郭晓鸣，代永波.四川省现代农业发展的宏观思路及关键突破[J].农村经济，2008（5）：61-64.

四川省 主要优势农产品
—— 种植效益分析及发展研究

8.2　优势农产品的产业带建设

为迎接入世后我国农业面临的挑战，促进农业增效和农民增收，农业部研究并编制了《优势农产品区域布局规划（2003—2007年）》，其中包含了四川省的4个优势特色农产品（柑橘、棉花、双低油菜和优质肉牛羊）；2003年，《四川省优势农产品区域布局规划》对四川省双低油菜、专用玉米等在内的8个优势农产品进行了合理的区域布局规划，并在实践中实施了一系列支持8个优势农产品发展的配套政策。四川省通过推进优势农产品产业带建设，优化了生产区域化水平，调整了品种结构，扩大了优质专用农产品的生产规模，提高了经济效益，在改良农产品品质和增加农民收入上取得了明显成效，提升了四川省农产品的市场竞争力①。

8.2.1　四川省优势农产品产业带建设的进展评述

1.优质农产品种植开始从产量型向优质高产型跨越

2013年到2016年，四川省优质水稻种植面积占比每年以10%以上的速度递增。截至2016年，其种植面积已超过1 500万亩，占比突破50%。今年，四川省共建设优质稻生产基地720个，国标三级以上的优质稻面积将达到2 240万亩，占全省水稻种植面积的79.3%。2018年全省青贮玉米种植面积已突破100万亩，预计到今年将达到350万亩；除此以外，双低油菜等优势农产品产量也呈递增趋势。以市场需求为导向，依托自然资源，四川省积极淘汰劣质品种，压缩普通品种，发展优质专用品种，进一步优化优势农产品品种结构，进一步形成了规模化、专业化的生产格局。

①张庆.四川省发展优势农产品产业带研究[J].生产力研究，2007（21）：22-23.

2.特色农业的发展步伐进一步加快

按照四川省农业比较优势原则，四川省省级规划确定了包括马铃薯、茶叶、柑橘等在内的10种优势特色效益农产品，各地市州规划确定的优势农产品还新增了专用油料、名优小杂粮、专用马铃薯、道地中药材、高淀粉红薯、魔芋、种子、花卉、苎麻和特色水果等10余种。近年来，按照突出自身优势和特色的思路，四川省各市县的农业产业都加快了发展步伐，《规划》确定的十大产业整体实力已进入全国前三强，成为四川省农村经济和农民增收的主导产业，具有区域特色的产业整体优势进一步形成。

3.农产品的竞争力进一步增强

近年来，根据"强基础、重民生"的要求，四川省一方面不断优化和稳定种植业结构，全省粮食作物与经济作物（含其他作物）的播种面积比例从2002年的71∶29，调整优化到2018年的65∶35[1]。另一方面，品种结构进一步优化，绿色产品、无公害农产品和有机食品的发展比重也在逐步提高。订单农业呈现了"粮食占比高，经济作物增长快"的特点。据统计，2019年上半年，四川省农民人均可支配收入7 661元，同比增长9.6%，增长幅度高于全国农民人均可支配收入、四川省城镇居民可支配收入和全省GDP的增幅。四川省农作物及相关加工产品出口创汇均有增加。

8.2.2 四川省优势农产品产业带建设存在的问题

四川省通过推进优势农产品产业带建设，提高了生产区域化水平，扩大了优质专用农产品的生产规模[2]，在增强本省农产品

---

①四川统计局.2018四川统计年鉴[J].2018.

②张庆.四川省发展优势农产品产业带研究[J].生产力研究，2007（21）：22-23，122.

竞争力上取得了较好的进展，但在发展中仍然存在不少需要解决的问题。

1.地方特色不明显，专业化分工的水平不高

四川省应切实解决农业区域特色和优势不明显，农产品区域布局不合理的问题。与其他农业发达地区相比，四川省特色产业的发展规模还不够大，产业带的生产集中度还不够高，达不到规模经济，且各区域暂没有充分发挥自身地区的比较优势，没有形成地方特色鲜明的农产品区域布局结构。总体而言，有较强竞争力的规模化优势产业带和特色产品还不多。

2.农产品整体质量不高，科技在农业发展中的贡献仍待提高

目前四川省农产品优质化、多样化和专用化程度还不高，名优特新产品不及大路货多，高档产品不及低档产品多。农业先进实用技术在"从农田到餐桌"的"全方位"运用中的显示度不高，农业科技成果的转化率很低。总体而言，四川优势农产品产业带建设中农业新品种新技术的推广比例不高，优质农产品在农产品总量中的占比较低。

3.农业生产组织化低，农村劳动力就业和转移不充分

目前四川省还未建成龙头企业、产业化经营组织与农民长期稳定的合作机制，利益连接得尚不够紧密，分散的农户生产很难与大市场紧密连接。全省农村有超过半数的劳动力滞留于农林牧渔，农村劳动力向非农产业转移的压力大、矛盾突出。

4.产业聚集度低，品牌加工产品少

目前，四川省规模以上农产品加工业已经突破万亿元规模，总量排名在全国第六。但是仍存在总体规模偏小、产业聚集度不高的现象，且产业链条延伸和深度开发力度不够，品牌效应和规模效应没有得到充分体现。优势农产品产业带建设的进程中，许多地方重农业生产结构的调整，轻农业产前、产后的开发。农业产业链的整体开发较为薄弱。

5.支持产业带建设的基础设施薄弱

四川省的人均耕地占有率在全国低于平均水平，且中低产田占据大量的耕地面积。再加上四川省独特的地理位置和历史原因，其农业的耕地复种指数高、农业生态环境脆弱、财政对农业投入等问题较为突出。四川省农产品市场体系、农田水利等基础设施薄弱，难以适应农村经济和农业产业的发展。

8.2.3 加快四川省优势农产品产业带发展的对策建议

加快特色优势农产品基地建设，促进农业产业集聚，扩大优质专用农产品的生产规模，全面提高四川省农产品的市场竞争力，对于促进四川农业发展和带动西部经济发展均具有极其重要的作用。

1.扎实推进优势农产品区域布局建设工作，加快形成科学合理的农业生产力布局

合理、优化的农业生产力布局是解放和发展农业生产力的前提。以调整农产品区域布局为战略突破口，优化全省农业区域化布局，能够最大限度地优化资源配置、挖掘资源潜力、发挥比较优势，从而充分发挥不同地区不同特点的比较优势，构建具有较强竞争力的农产品生产加工基地和产品产业带，促进农业向优势产区不断扩大生产规模，提高标准化、专业化生产水平，进一步推动全省不同类型地区优势产品向优势产区集中。综合考虑各地的农业自然资源状况、经济发展水平、市场条件以及农业长期发展所形成的产业基础等因素，不同类型区域推进优势农产品产业带建设有不同的重点和方向。成都平原大力发展现代农业、高附加值农产品和出口创汇农业。丘陵地区则更多地发展优质粮油和以生猪为重点的畜牧业。盆周山区大力发展茶叶产业、中药材产业等。攀西地区发展优质米、反季节蔬菜、亚热带水果、烤烟等。四川省将重点聚焦做大特色产业带、提升农产品初加工能力，发展一批具有一定规模和竞争力的优质、特色农产品，加快带动农民增产增收。

2.发挥资源优势特长，分层次建立优势农产品产业带

四川农产品资源丰富，具有较多地方特色农产品。用农产品影响范围对优势农产品产业带进行层次划分：第一类是国家级的优势农产品，其规模较大，优势明显，在整个国家范围内代表四川特色。代表的国家级优势农产品有：柑橘、"双低"油菜、棉花和肉牛羊等。第二类是省级优势农产品。这一类农产品在全国具有一定的特色与规模，代表的产品有优质水稻、茶叶、蚕桑等。第三类是地市州具有地方特色的农产品。如各地的特色中药材、小杂粮等。这类产品鉴于市场需求的约束，短期内还难以连片种植，扩大规模。三种层次的优势农产品，需实施相对应的发展策略。对于第一类的优势农产品，需以世界贸易格局为导向，加快产品品质的提高和加工产品的研究与开发，创造知名品牌，积极扩大在国际市场的份额；对于第二类优势农产品，则应以国内市场为导向，大力依靠科技，培育品牌，加快集约化生产、区域化布局和产业化经营的发展步伐；对于第三类优势农产品，应以区域性的消费市场为导向，不断提高农产品的生产水平和产品档次，积极拓展市场，扩大市场份额。

3.加大建设投入力度，发展劳动密集型特色种荼业

瞄准国际国内市场，按照"产业特色化、生产标准化、布局区域化、营销品牌化"的要求，加大对优势农产品产业带农业公共品供给投入力度，改善直接影响农业生产和农民生活的环境条件，保证农村公共物品的有效供给，解决农业用水难、用电难、

农产品不好卖等突出问题。加快培育具有明显出口竞争优势的名优茶、蔬菜、花卉、水果和食用菌、畜禽、淡水产品等，加快形成较大规模集中连片的特色农业产业带。大力发展劳动密集型的无公害农产品、绿色农产品、有机食品，努力提高优势农产品在国际国内市场的竞争力。

4.进一步提升农业科技创新水平，推进优势农产品生产向优势产区集中

提高农产品市场竞争力是发展农业的核心，而提高科技含量是提高农产品市场竞争力的核心。我国农业基础竞争力薄弱的根源在于资源、劳动力和科技短板，其中农业科技水平高低，已超越资源禀赋优劣，成为确立农产品比较优势的核心因素。"科技是第一生产力"，提高农产品单产，优化品种结构，确保农产品安全等，都离不开科技的支撑。增强科技支撑有以下几种方式：一是以工程模式推进创新集成，增强整个农业产品链的科技支撑。二是以市场为导向，对优势农产品的生产加工到销售过程进行全面且系统的规划，组织产学研就关键技术进行攻关，突破瓶颈，带动全局。三是形成知名品牌群、提升农业产业层次。四是在优势区域内对创新技术进行集成、示范、推广与培训，促进与新农业产业体系相适宜的农业技术支持体系的形成。

5.以增加效益为核心，努力提高生产基地的农业科技水平

针对四川省"双低"油菜、专用玉米等几个优势农产品，培育、推广一批在品质上取得突破、重要经济指标达到国际先进水平的新品种。并选择资源条件、生产规模和区域优势相对优越的部分县（市、区），率先建设一批依靠科技，节本增效，档次较高的优势农产品生产示范基地。把生产基地建设成为优势农产品的出口基地、龙头企业的原料供应基地、名牌产品的生产基地，扩大优势产品的市场供应量和市场占有份额。

6.加强建设农产品质量安全检验检测体系，提高优势产区质量管理水平

健全农产品质量安全标准检验检测、认证体系。建设并完善农产品、农业环境质量，农业投入品、农产品药物残留，重金属、硝酸盐含量等综合性监督检测中心，提高检测水平和服务能力。积极指导农产品生产基地（企业）发展安全标准化的食品，进一步提高农产品质量。

8.3　优势农产品的产品开发

8.3.1　优势农产品产品开发的意义

当前，农业和农村经济已经进入了以全面调整结构为主要任务的新的发展阶段，农产品市场竞争日趋激烈，其竞争的核心是比较优势的竞争，而比较优势的一个重要方面体现在资源上[①]。四川是一个农业大省，早在2003年，就已确定了包括水稻、饲用玉米和茶叶在内的8个优势农产品。然而区域农产品的比较优势是动态变化的，随着国内外农产品竞争日益激烈，四川省农产品发展过程中未解决的产业化和组织化水平不高、上下游各产业之间相互衔接不够紧密、区域布局不尽合理、部分优势品种区域主导地位不突出、产业化进程慢等问题，严重影响了本省农产品的比较优势和竞争优势。在这种形势下，四川省必须在上一轮规划确定的优势产业带的基础上，对优势农产品重新进行确认和划定，加快四川省优势农产品产品开发，依托经济基础、发挥其资源优势。

优化农产品区域布局，进一步发挥农业比较优势，是推进农业和农村经济结构战略性调整的重大步骤，也是我国农业增

---

①王少周.关于区域特色农产品开发的思考[J].农产品加工,2005（1）：10–11.

长方式的重大变革和贫困地区农民增加收入的重要途径。

目前，经四川县（市、区）申请，市（州）推荐，以及专家评审等公开竞争选拔，已遴选出 50 个省级特色农产品优势区建议名单，做大做强这些优势农产品和优势产区，对带动我国农业整体素质的提高，形成科学合理的农业生产力布局，推进农业现代化具有重大意义[①]。随着优势农产品产品开发的进行，四川省各地农业发展均取得不错的成效：凉山优势农产品取得长足进步，农业产业化经营水平不断提高[②]；省内科研单位在薯类育种繁育和生物技术研究等领域取得了可喜成果，在育种繁育方面，优质新品种占全省薯类作物推广面积的 60%；在薯类加工领域，成功开发出淀粉加工技术与设备，近年来又针对淀粉资源综合利用进行创新，为延长薯类产业链提供了有力支撑[③]。除此以外，四川省光热土地资源丰富、生物气候多种多样，独具特色的农业资源是系列特色农产品的源泉。使用具有一定产业发展基础、生产资源优势和市场竞争优势的市场前景广阔的农产品，以标准化建设为重点，科学合理布局，有望加快绿色农产品基地建设，培育壮大龙头企业，加快农村专业合作经济组织发展。我省根据省内农业资源的特点和经济发展的现状对优势农产品开发目标进行合理的定位，旨在以优质的产品在日益激烈的产品市场竞争中站稳脚跟，推进农业产业化进程，构建特色农业、绿色产业、优质畜产品等产业经济带。

---

①杨祥禄,刘文龙.加大资金投入 培育优势农产品[J].中国农业会计,2004（1）：34–35.

②李晓,邹学军,曾鸣,晏泽文,刘强,刘宗敏,唐莎.优势农业资源与优势农产品开发——四川省凉山彝族自治州优势农产品开发的调查与思考[J].农村经济,2007（7）：26–28.

③郭红,邹弈星.四川省优势农产品科技创新产业链竞争力分析及对策建议[J].决策咨询通讯,2009（6）：21–24.

8.3.2　立足优势，突出重点

四川省农产品比较优势明显：劳动力充足，气候适宜，土地资源丰富；而竞争优势则较弱：产业结构以种植业为主[①]，应对各区域在资源特色、市场区位、生产规模、环境质量以及特色农产品开发所需的资金、人才、技术等方面的优势进行客观评价，因地制宜，扬长避短，发挥四川省特色农产品突出的比较优势，实现由潜在的资源优势向现实的经济优势的转变。提高四川省优势农产品的种植技术和科技水平，进而提升其综合效率。同时，结合发展实际调整优势农产品范围，倾力打造精品优势农产品，统筹规划精品农产品的区域新布局，以提升四川省优势农产品的国内外市场竞争力[②]。要考虑优势农产品生产条件的独特性和消费需求的特点，坚持在适宜区域进行生产，做到规模适度，确保产品特性。

8.3.3　建立科技支撑，提高技术水平

四川省应着力提高优势农作物的种植技术和科技水平，让本具较强竞争优势的农作物优势更加明显。着眼农业基础设施建设，大力支持建设集中连片的规模化优势农产品基地，开展且推广农业（尤其是优势农产品）的良种繁育和配套先进种植、养殖技术的研发和推广应用。努力提高农产品质量和水平，提高农业效率，延长农产品产业链。构建农业产业链是推进农业产业化进程的重要突破口。科技创新是提高农业产业链竞争力的原动力和提高农业产业化经营水平的助推器[③]。在如今的形势发展下，四

---

① 侯亮.四川省农产品国际竞争力研究[D].武汉：中南民族大学,2012.

② 唐江云,雷波,曹艳,李洁,陈春燕,杜兴端.四川省主要农产品比较优势分析[J].南方农业学报,2014,45（8）：1507–1513.

③ 郭红,邹弈星.四川省优势农产品科技创新产业链竞争力分析及对策建议[J].决策咨询通讯,2009（6）：21–24.

川省应结合发展实际调整优势农产品范围，倾力打造精品优势农产品，统筹规划精品农产品的区域新布局，依靠科学技术，创新驱动做大做强四川省优势农产品，实现资源优势向经济优势转化，为四川省农业产业化的发展增添新的动力。

8.4　优势农产品的品牌建设

8.4.1　优势农产品品牌建设的背景

市场经济发达国家在农产品品牌建设方面的路径不同，但目标都是把品牌建设作为参与全球农业竞争的国家战略，本地品牌也在发展中国家迅速获得了农业市场份额。农产品区域品牌均具有生产区域性、品质的优良性和产量的规模性和准公共物品性三个特征，其来源于区域内独特的资源、工艺和传统文化，是区域特色以及区域内品牌机体行为的综合表现；能放大资产、提高农产品的附加值，获得较为持久的外部品牌效应。同时，农产品品牌还具备培养消费者对区域内农产品的消费偏好能力，刺激消费者的联想购买欲。由于其品牌主体（农户、政府、农业合作组）的复杂性、品牌效应的外部性和产品质量的敏感性，既是区域内共享的集体产权和公共品牌，也有形成搭便车效应的风险。一些品牌的说法对消费者有误导性，缺乏有效的消费者保护机构会导致品牌的效益受损。目前我国居民对品牌农产品的需求随着收入水平日益提高逐渐增加，然而我国农产品的品牌建设尚处于探索阶段，相关理论研究薄弱。在市场竞争愈发激烈和供不应求的双重压力下，农产品品牌建设成为不得不关注的话题。

进行区域优势农产品品牌建设的意义主要包括：①推进区域优势农产品的品牌建设，关系到地方和国家的形象建设。区域优势农产品品牌建立在区域内优势农产品的基础上，其代表着一个地方的形象，有时甚至代表一个国家的形象；②进行区域优势农产品品牌建设，是对地区有形和无形文化遗产的保护和发展。区域优势农产品都伴随着该区域悠久的历史文化；③随着我国社会经济的快速发展，居民不仅仅满足于物质上的基本需求。品牌文化是高档次、高质量的象征，可以通过创造产品的物质效用与品牌精神高度统一的境界，来带给消费者更高层次的体验。因此，追求品牌农产品成为消费者的消费趋势。创建品牌农产品对满足消费者日益增高的消费需求具有重大意义。④品牌代表了产品身份，没有"金招牌"，市场认知度较低，"土特产"难走上农业现代化和产业化之路。建设农产品品牌不仅可以提高农产品的竞争力、拉长农产品产业链，还可以提升农产品附加值，是推动农民致富的有效途径。长期以来，由于我国的科技水平较低，综合实力不强，竞争力不高，农业效益和农民收入增长受到严重制约。而推动农产品品牌建设是改善眼下状况的有效途径。⑤通过发挥品牌价值的功能，使农业企业不断增长。原产地域产品的特色和知名度往往会使其成为该地区重要的产业，成为养育一方百姓的重要经济来源，有利于促进农业企业利润的增长。⑥区域优势农产品品牌的建立，对于促进我国"三农"问题的解决、推动农村经济发展具有重大意义①。尤其是要帮助贫困农民直接与主要的品牌公司建立联系，从市场上获得品牌效益带来的好处。

8.4.2　四川优势农产品品牌建设的发展情况

2016年中央一号文件提出了最新的农业发展方向，要求调整农业结构、优化农业区域布局，做大做强优势特色产业推进

---

①翟真杰. 区域优势农产品品牌建设研究[D]. 长沙：中南林业科技大学,2013.

农产品品牌建设，对农业结构进行战略性调整，形成与市场需求相适应、与资源禀赋相匹配的"规模化生产、集约化经营"为主导的产业发展格局，进一步打造区域品牌，与特色、优势农产品结合。将资源优势转化为品牌优势，再变成市场和经济优势，最终实现质量兴农、品牌强农①。文件明确要求加强规划和政策引导，"大力发展名特优新农产品，培育知名品牌"，提出推进区域农产品公用品牌建设、打造区域特色品牌、提升传统名优品牌。同年6月在国务院发布的《关于发挥品牌引领作用推动供需结构升级的意见》中强调：应通过品牌引领作用，对接产需，推动消费供需结构升级，进而促进供给侧改革。随后，农业部确定2017年为"农业品牌推进年"。农产品品牌化已经上升为制度建设。为响应国家号召，2018年，四川各地围绕川菜、川猪、川果等特色农产品优势区建设，加大品牌创建工作力度，将产业优势转换为品牌优势。全省认定的"三品一标"数累计5 142个，居全国第二，西部第一；培育了包括天府龙芽、大凉山等40余区域公用品牌；形成了中药材天地网、天虎云商、麦味网、渔网天下等10余个专业化、本土化农业电商品牌。新型经营主体申报创建中国著名商标、中国质量奖、四川省著名商标、四川省质量奖、四川名牌等近1 000余件（个）。全面实施农产品品牌建设"孵化、提升、创新、整合、信息"五大工程，初步形成了企业争创品牌、特色产业竞相发展的局面。下一步，四川省将积极抓好质量兴农、绿色兴农、品牌强农工作。

---

①肖蓉.地方优势农产品区域品牌建设[J].湖南农业科学,2018（8）：96-99.

8.5 四川主要农产品比较效益提高途径

8.5.1 区域农产品比较优势理论及其拓展

农业比较效益是指在市场经济体制条件下，农业与其他经济活动在投入产出、成本收益之间的相互比较，是体现农业生产利润率的相对高低，衡量农业生产效益的重要标准。然而，农产品是农业产业链中的重要环节，与农业和农村经济的发展息息相关，农产品比较效益是衡量农业经济效益的重要标准之一。根据发达国家的发展经验，提高农产品比较效益，对于增加农民收入，加快城乡统筹推进，保持经济社会健康可持续发展意义重大。当前，我国农产品比较效益普遍较低是不争的事实，这是加快"三农"发展和缩小"三个差距"不可回避的障碍。通过区域农产品比较效益分析，可探寻区域农产品生产发展的优劣势，从而为指导农业产业发展提供重要依据，对指导农业结构调整、创造更高的农业经济效益具有重要意义。因而研究农产品比较效益，成为农经研究者的关注焦点。

比较优势理论（the theory of comparative advantage）最早是由英国古典政治经济学集大成者大卫·李嘉图在亚当·斯密的绝对优势理论的基础上提出的国际贸易理论。随着社会经济的发展，瑞典著名的经济学家赫克歇尔和他的学生俄林进一步修正和扩展了比较优势理论，提出了一种国际贸易的纯理论——要素禀赋（或资源禀赋）理论（the theory of factor endowment），即常被人们使用的 H-O 模型。之后又有许多学者对比较优势理论进行了衍生，出现了规模经济理论、技术差距理论、产品生命周期理论、产业内贸易理论、收入偏好相似论、运输成本与区位理论等，但这些比较优势理论都是将研究的重心放在市场上，完全忽视了企业作为市场竞争主体的作用，忽视了企业的组织生产功能和技术创新功能，因此，所产生的主流国际贸易理论就没有把企业的创新能力和动态竞争能力纳入其分析框架。

事实上,在当代国际贸易中,有相当多的贸易是发生在跨国公司内部,现代企业可以通过有意识的战略选择来培植资源,人为地进行比较优势的创造。这一点作为比较优势理论的外延扩展更具有实际研究价值和理论指导意义。20 世纪 80 年代以后美国哈佛大学商学院迈克尔·波特提出了竞争优势的概念,认为:一国兴衰的根本原因在于能否在国际市场中取得竞争优势,竞争优势形成的关键在于能否使这个国家的主导产业具有优势,而主导产业的优势又源于这个国家的企业能否具有创新机制而提高生产效率。竞争优势这一革命性的概念,弥补了比较优势理论的不足,超越了比较优势概念。而目前,已有许多学者把比较优势理论及其方法引入到农业中,从成本、产量、单价、总收入、效益、成本收益率这几个因子展开国家、省、市、县域的农产品比较效益分析的研究。舒英龙等比较柑橘与其他农产品的生产效益,分析柑橘价格变化对衢州农业及农民收入的影响,讨论衢州柑橘产业发展优势和劣势的嬗变,提出"柑橘种植比较效益锐减,转型升级亟须持续"。蒋满贵等研究了近年来广西壮族自治区蚕业生产发展与蚕茧生产成本及养蚕收益关系的实证分析。蒋桂雄等从种植成本、产值及利润等方面比较分析了广西油茶与甘蔗、木薯、速生桉及松树的经济效益,阐述了各树种种植面积存在差异的原因,提出了甘蔗、木薯、速生桉及松树的发展方向,并对油茶产业的发展前景进行了展望。钟敏、唐耀平针对同类农作物不同品种的经济效益评估的经济评估体系,采用层次分析法对各品种确定收入与投入的组合权重,用组合权向量作商法得出相对经济效益。周芳检等人为挖掘油茶产业的巨大潜力,迅速提高湖南油茶单位面积产量和经济效益,提出:"当务之急就是要努力实现五化——种苗良种化,经营集约化,作业机械化,产品多样化,服务贴心化"的策略。还有黑龙江的甜菜种植比较效益分析、新疆的棉花种植比较效益分析、云南的甘蔗种植比较效益分析、普洱市的烟叶种植比较效益分析、中美农产品成本与效益的比较分析等有关农产品比较效益分析的研究。研究区域优势农产品比较效益已成为提高农业产业竞争力的现实课题。

8.5.2 四川省主要农产品生产成本及收益现状

四川是一个农业大省,为推动农产品竞争力增强、农业增效和农民增收,早在2003年就确定了优质水稻、"双低"油菜、饲用玉米、优质柑橘、名优茶叶、商品蔬菜、优质蚕桑、优质棉花8个优势农产品,其中"双低"油菜、柑橘被列为全国优势农产品的品种。截至2020年02月26日,农业农村部市场与信息化司共发布认定了3批229个中国特色农产品优势区,认定达成率约为60.83%,其中,四川省获得中国特优区认定12个,上榜2019年百强农产品区域公用品牌3个,分别是安岳柠檬、苍溪红心猕猴桃、通江银耳。尽管如此,四川目前仍存在农业生产区域结构趋同,农产品品种单一、品质低、产业化进程慢、农业效益低等一系列问题,严重制约着其农产品比较优势和竞争力。同时,国内外发达地区的农产品凭借其价格和质量的优势对四川省农产品构成前所未有的冲击,这必将打破四川已形成的农产品市场格局,使一些缺乏价格、品质优势的农产品市场空间萎缩甚至退出市场。在这种形势下,四川各地区必须按比较优势原则,进行农产品生产的区域分工和布局。通过对四川省优势农产品进行比较效益分析,对形成科学合理的农业生产力布局,发挥区域农产品比较优势,提高四川省优势农产品的市场竞争力和四川农业整体发展水平,推进四川省农业现代化进程具有重大意义。研究四川省区域优势农产品比较效益是四川农业迎接国内外挑战、提高农业产业竞争力的现实需要。

2019年四川省粮油生产继续保持稳定发展态势,粮食作物播种面积9 419万亩，居全国第7位。油料作物播种面积2 242.5万亩，中草药材播种面积205.5亩，蚕桑播种面积220万亩，蔬菜播种面积141.321 2万亩。全年粮食总产量3 498.5万吨，增长0.1%；油料产量367.4万吨，居全国第一位。川茶、川菜、川果、川药等经济作物总产量5 624.66万吨、总产值3 099.9亿元，分别增长1.49%、6.23%。蔬菜及食用菌产量4 369.1万吨，增长4.5%；茶叶产量32.5万吨，增长8.2%；水果产量1 136.7万吨，增长5.29%；中草药材产量49万吨，增长9.5%；蚕茧产量9.7万吨，增长4.7%；棉花产量0.28万吨，减少30.4%；麻产量3.2万吨，增长2.3%。川烟税利突破500亿元，增长10%以上。烟叶产量16万吨，减少1.3%。

据四川省成本调查监审局数据，2019年四川油菜籽亩均产量159.83公斤，同比上升2.73%；每50公斤平均出售价格269.10元，同比下降2.08%。受产量上升带动，亩均产值869.58元，同比上升0.40 %。花生生长期雨水多导致产量减少，亩均产量179.70公斤，同比下降7.02%；每50公斤平均出售价格462.97元，同比上升22.66%。受价格上涨带动，亩均产值1 669.61元，同比上升13.96%。油菜籽亩均总成本1 214.80元，同比上升5.37%；花生亩均总成本1 543.31元，同比上升8.36%。主要原因：一是随着优质种子用量增加，种子费用相应增加；二是因农民外出打工导致农村劳动力短缺，工价上涨；三是土地成本上涨。油菜籽亩均净利润-345.22元，比上年亏损增加58.36元；亩均现金收益603.09元，同比上升0.89%。花生亩均净利润为126.30元，比上年增加85.45元；亩均现金收益1 269.91元，同比上升16.17%。四川烤烟亩均产量126.46公斤，同比下降4.62%；每50公斤平均出售价格1 290.03元，同比下降2.62%。前期日照少、降水多，后期降雨量增加，烟叶收割、烘烤均受影响，品质有所下降。产量和价格双降导致产值减少，烤烟亩均产值3 262.74元，同比下降7.11%。亩均总成本3 872元，同比上升

4.53%。主要原因：一是部分地区因品种变化，费用相应发生变化，种子费同比上升7.91%；二是农户购买农业保险意识进一步增强，亩均保险费用提高，保险费同比上升8.91%；三是土地成本同比上升12.33%。受成本上升影响，亩均净利润-609.26元，比上年亏损增加417.78元。亩均现金收益1 675.14元，同比下降8.67%。四川桑蚕茧亩均产量110.86公斤，同比上升1.81%；每50公斤平均出售价格2 034.42元，同比下降5.89%。部分地区推行"滚动式养蚕"新型养殖模式，养蚕时间较上年适当延长，蚕茧产量有所增加。亩均产值合计5 611.58元，同比上升6.57%。亩均总成本3 935.58元，同比上升7.07%。主要原因：一是部分农户使用优良品种，种子价格上涨，种子费同比上升2.79%；二是为提高结茧质量购买消毒药剂，农药费同比上升2.89%；三是人工成本同比上升8.82%。产值上升带动收益增加，亩均净利润1 676元，同比上升5.42%。亩均现金收益5 129.88元，同比上升7.47%。四川蔬菜亩均产量4 445.08公斤，同比上升1.94%。每50公斤平均出售价格101.05元，同比上升7.66%；亩均产值8 984.52元，同比上升9.76%。其中，设施西红柿、设施菜椒、设施茄子亩均产值上涨幅度较大。蔬菜亩均总成本5 450.98元，同比上升8.95%。主要原因：一是机械使用推广，机械作业费94.39元，同比上升13.38%；二是人工成本3 459.93元，同比上升7.19%。产量和价格齐涨带动收益增加，亩均净利润3 533.54元，同比上升11.02%。亩均现金收益6 876.19元，同比上升8.33%。

从四川省调查的情况看（四川统计年鉴），甘蔗生产连续亏损，极大损伤了蔗农的种植积极性，甘蔗种植面积2000年达到峰值3.06万公顷，随后连年减少，2007年2.08万公顷，2010年1.56万公顷，2020年0.97万公顷。农民种植的目的主要是收益，收益的多少，直接影响农产品生产结构的调整。总体来看，四川省主要农产品比较效益较低，农业生产周期长、生产成本高、生产风险大、科技财政投入少、严重制约着农产品比较优势和竞争力。尤其是农民劳动核算工价偏低，农产品成本被低估，农产品价格被误导，严重制约了"三农"的发展。

8.5.3　提高四川省主要农产品比较效益的途径

提高农产品比较效益是四川提高农业经济效益的根本支撑点，也是加快城乡统筹，保持经济社会健康可持续发展的必由之路。

8.5.3.1　提高农产品价格，建立"三联"机制

农产品必须有一个合理的价格，才能保证农业的可持续发展。目前的农产品价格确实很低，很多时候都是微利、零利、甚至跌破了成本。建立生产成本、产品价格与农业补贴之间的联动机制，生产成本增加后农业补贴也应随之增加。在农业补贴中应该建立"土地搁荒停发补贴"和"奖励种粮大户"的双边考核机制，种子、农药、肥料、农膜等农业生产资料和劳动力成本每年都在不断上涨，而农业补贴每年的额度几乎都是一样的，并且都是按土地面积计算，直接打到农户的存折上，导致搁荒多年的土地仍在发放补贴；适度流转的农户又因规模不够、手续烦锁而无法得到补贴。这就要求我们在政策层面上作适当的调整，对撂荒土地要认真核实，停发补贴；代耕、流转的土地补贴要定为耕种者所有；对种粮大户要适当降低对生产规模的要求，以增大奖励面，调动农民种粮的积极性。

8.5.3.2　加大农业科技投入，依靠科技提高农产品质量，提升农产品竞争力

继续加大对农业的支持和保护力度。一是要加大农田水利基础设施建设、生态环境建设和农村公共设施建设力度，进一步提高农业的生产水平和抗御自然灾害能力。二是加大农业公共服务投入，完善科技推广服务体系、信息服务体系、植物病虫害防

治体系。加强对粮食直补、农机补贴的监管，坚决纠正各类补贴不到位或以其他名目抵扣的行为。三是要坚持"科教兴农"加大生产设备的硬件投入，在条件成熟地区，加快手工劳动向机械化作业和高新技术应用转变，提高规模化、机械化水平，提高劳动生产效率。高度重视农产品安全，借助科学技术帮助建立农产品质量安全溯源体系，加大种子、土壤、农药、化肥等生产要素的监管力度。加快农产品品质、农业环境和农田质量三大检测体系建设，以科学技术为支撑，大力鼓励和推进规模农业基地建设，加快和实现无公害农产品、绿色有机食品生产。依靠技术进步，在提质降耗上下功夫，充分发挥低成本优势。四川发展出口型小麦、玉米、油菜、蔬菜、生丝和中药材生产的可行性途径是创造差异型竞争力，发展特色农产品，在与国外相比相对较低的成本基础上，集中发展名、特、优、新品种，利用自然资源优势，为国际市场提供高品质、特色化的农产品，通过品质差异创造四川农产品的国际竞争优势。

8.5.3.3　细化区域农产品布局，延长农产品产业链，创造竞争优势

因地制宜，合理调整种植结构，由低产作物向高产作物调整；山地粮食作物向经济作物调整；低收益品种向高收益品种调整；普通品种向优质品种调整。充分利用现有的土地资源发挥最大作用，取得最好收益。进行详细的区域农产品布局，建立市场需求型指导机制，进行农产品规模化集约经营，打造一批具有效用上优势的农产品，创造出竞争优势。延长农产品产业链，提高农产品加工增值水平实现由初加工向深加工的转变，重点发展粮食、油料、肉类产品的精深加工，把蔬菜、水果、中药材和奶类等产品的加工作为农产品加工业新的增长点，做到多样化、营养化、方便化和优质化，总体质量达到国外先进水平。树立名牌意识，实施农产品品牌战略，加强名牌产品的国际质量标准体系认定，加强品牌的宣传和国际市场营销，强化四川名牌的注册保护工作，采取有力措施，依法保护名牌农产品。